低频电磁场与职业健康

DIPIN DIANCICHANG YU ZHIYE JIANKANG

陈青松　李　涛◎主编

·广州·

图书在版编目（CIP）数据

低频电磁场与职业健康/陈青松，李涛主编．—广州：中山大学出版社，2015.2
ISBN 978－7－306－05064－9

Ⅰ．①低…　Ⅱ．①陈…②李…　Ⅲ．①电磁污染监测　Ⅳ．①X837

中国版本图书馆 CIP 数据核字（2014）第 241104 号

出 版 人：徐　劲
策划编辑：曾育林
责任编辑：曾育林
封面设计：曾　斌
责任校对：雨　川
责任技编：何雅涛
电　　话：编辑部 020－84111996，84113349，84111997，84110779
　　　　　发行部 020－84111998，84111981，84111160
地　　址：广州市新港西路 135 号
邮　　编：510275　　传　真：020－84036565
网　　址：http：//www.zsup.com.cn　E-mail：zdcbs@mail.sysu.edu.cn
印 刷 者：广州市怡升印刷有限公司
规　　格：787mm×1092mm　1/16　11.25 印张　263 千字
版次印次：2015 年 2 月第 1 版　2015 年 2 月第 1 次印刷
印　　数：1～2000 册　定　价：48.00 元

编　委　会

作 者 简 介

陈青松 男，1978 年生于湖北省利川市。博士，副主任医师，现任广东省职业病防治院物理因素监测所所长，国家卫生标准委员会职业卫生标准专业委员会委员，广东省职业健康协会物理因素专业委员会主任委员，全国职业病专业委员会青年委员会副主任委员，中山大学、南方医科大学和广东药学院硕士研究生导师。陈青松博士长期从事工作场所物理性职业有害因素识别、检测及评价工作，在日常业务工作中，不断推广职业卫生服务理念，创新和规范物理性职业有害因素的检测评价及质量控制方法，编制了各种物理性职业有害因素的检测评价规范，并在国内首次开展了噪声检测与评价室间比对。先后承担并完成了“100 kHz 以下电磁场职业接触限值及测量方法”、“可见光及近红外线职业接触限值及测量方法”、“职业性手臂振动病的诊断”等多项国家职业卫生标准制定修订项目。同时，还承担国家自然科学基金、广东省科技计划项目多项，发表论文四十余篇，并多次获奖。

李　涛 男，1957 年生，中国疾病预防控制中心职业卫生与中毒控制所所长，主任医师，博士生导师。2009—2010 年度卫生部有突出贡献青年专家。国家卫生标准委员会职业卫生标准专业委员会主任委员、国家职业病诊断鉴定技术指导委员会职业病诊断技术指导组组长、WHO 职业卫生合作中心（北京）首席科学家；中华预防医学会理事、劳动卫生与职业病分会主任委员；中国职业安全健康协会常务理事、职业卫生专业委员会主任委员等；《工业卫生与职业病》杂志主编，《中华劳动卫生与职业病杂志》副总编，《环境与职业医学》副主编，《中国安全科学学报》等杂志编委。先后主持和参加国家多项科技攻关、社会公益以及重点基础研究项目；先后获得“中华预防医学奖”二等奖，“国家安全生产监督管理总局安全生产科技成果”二等奖、“中国职业安全健康协会科技进步奖”第一、三等奖“及中华医学科技奖”三等奖。

前　言

随着电力的广泛运用，特别是工业上高电压和强电流的特殊要求，低频电磁场在生产和生活环境中可以说是无处不在。目前普遍认为，频率在100 kHz以上的射频辐射及微波对人体健康的影响主要表现为致热效应。频率在100 kHz以下时，电磁场的致热效应不明显，对机体的影响以主观感觉不良、神经肌肉刺激等非致热效应为主。自Wertheimer和Leeper报道低频电磁场接触与儿童白血病发病显著相关以来，低频电磁场的致癌性受到了国内外学者的广泛关注。1976年以来，世界卫生组织（World Health Organization，WHO）组织全球六十多个国家致力于探讨100 kHz以下低频电磁场对健康的影响，并在2007年发布了其研究成果：确认了低频电磁场短期、高水平接触相关的急性健康影响，但指出低频电磁场致癌性等慢性健康影响仍不明确。

为控制低频电磁场的职业健康危害，国际非电离辐射防护委员会（International Commission on Non-Ionizing Radiation Protection，ICNIRP）、电气和电子工程师协会（Institute for Electrical and Electronic Engineers，IEEE）、美国政府工业卫生师协会（American Conference of Governmental Industrial Hygienists，ACGIH）、欧盟、日本等重要组织和国家从保护急性健康效应出发，制定了低频电磁场电场强度、磁场强度（磁通密度）和电流密度的短时接触限值，部分限值还规定了对特殊人群的卫生学要求（如心脏起搏器佩戴者）。我国目前也有较多电磁辐射的相关标准，但对100 kHz以下低频电磁场，公众暴露尚无限值，职业暴露也只有50 Hz工频电场的8 h职业接触限值。在检测方法上，也缺乏相应配套适用的标准。以至于职业卫生工作者正确识别、检测和评价低频电磁场的健康危害存在诸多困难。由此，笔者从2008年开始致力于100 kHz以下低频电磁场职业卫生标准的研究。在长期工作场所低频电磁场检测与评价工作基础之上，从国内外研究进展出发，结合我国之实际，先后完成了“100 kHz以下电磁场职业接触限值”及“工作场所 100 kHz 以下电磁场测量方法”两个国家职业卫生标准制修订项目。

为进一步在我国普及工作场所低频电磁场防控知识和技术，笔者依据前期研究结果，组织广东省职业病防治院（陈青松、张骁、徐国勇、张丹英、严茂胜、李宏玲、晏华、肖斌、林瀚生、郎丽）、中国疾病预防控制中心职业卫生与中毒控制所（李涛、李霜、朱晓俊）和北京森馥科技股份有限公司（朱琨）的专家和学者，从低频电磁场基本知识、低频电磁场与人体健康的关系、低频电磁场职业接触现状、低频电磁场职业接触限值及测量方法以及职业健康危险度评估及管理等五个方面编写本书。旨在为职业卫生业务及科研工作者提供专业指导，同时对需要了解电磁场健康危害的公众也有很好的参考价值。

本书主要是笔者及研究团队前期研究成果的总结，而电磁场领域是一个发展非常快的领域。另外，因参加编写人员的知识面及水平有限，某些专业技术理论和实践存在一定的不足，希望读者多提宝贵意见，以便不断修正和提高。

陈青松　李　涛

2015 年 1 月 1 日

目　　录

第一章　电磁场的基本知识

电磁学是一门既古老又现代的科学。人类在公元前500多年就发现了电磁现象，但是电磁学的迅速发展和广泛应用还是在18世纪以后。18世纪，人们通过对电和磁的定量研究，发现了许多重要的规律，例如法国物理学家库仑（Charlse-Augustinde Coulomb，1736—1806）发现了电荷间相互作用的规律。19世纪，科学家们发现了电和磁的相互联系，电磁感应、电磁场、电磁波等理论得到不断的发展和广泛的应用。20世纪，电磁学的应用得到了进一步的发展，广播、电视、电话等已成为人们生活不可缺少的一部分。

第一节　电　　场

电场（electric field）是存在于电荷周围能传递电荷与电荷之间相互作用的物理场。它是电荷及变化磁场周围空间里存在的一种特殊物质。与通常的实物不同，它不是由分子、原子所组成，但它是客观存在的，电场具有通常物质所具有的力和能量等客观属性。电场的力的属性表现为电场对放入其中的电荷有作用力，这种力称为电场力；电场的能的属性表现为当电荷在电场中移动时，电场力对电荷做功（这说明电场具有能量）。

一、电荷

带正负电的基本粒子叫电荷（electric charge），带正电的粒子叫正电荷（表示符号为“+”），带负电的粒子叫负电荷（表示符号为“-”）。中学时我们都做过摩擦起电的试验，用丝绸摩擦过的玻璃棒带正电荷，用毛皮摩擦过的硬橡胶棒带负电荷。这是因为，在摩擦起电中，一个物体失去一些电子而带正电，另一个物体得到这些电子而带负电。摩擦起电不是创造了电荷，而是使物体中的正负电荷分开，并使电子从一个物体转移到另一个物体，在转移的过程中，电荷总量不变。

图1-1　带电玻璃杯吸引纸屑

自然界存在的正负电荷具有同种电荷相互排斥，异种电荷相互吸引的特性。丝绸或毛皮摩擦过的玻璃棒能吸引纸屑（图1-1），是因为摩擦使玻璃棒带有电荷，纸屑中的正、负电荷在这种静电场中，按异性相吸、同性相斥的规律定向移动，从而被玻璃棒吸引。电荷间这种相互作用的电力叫做静电力或库仑力，遵守库仑定律原则。库仑定律是指真空中的两个点电荷之间相互作用的力，跟它们的电荷量的乘积成正比，跟它们的距离的二次方成反比，作用力的方向在它们的连线上。如果用 Q_1 和 Q_2 表示两个点电荷的电荷量，用 r 表示它们之间的距离，用 F 表示它们之间的相互作用力，则库仑定律的公式如下：

$$F = kQ_1Q_2/r^2 \quad \text{（公式 1-1）}$$

注：k 为静电力常量，$k = 9.0 \times 10^9\ \mathrm{Nm^2/C^2}$（牛顿·平方米/平方库仑）。

二、电场及电场强度

只要有电荷存在，电荷的周围就存在着电场，电场的基本性质是它对放入其中的电荷有力的作用，这种力叫做电场力。如图 1-2 所示电荷 A 对电荷 B 的作用，实际上是电荷 A 电场对电荷 B 的作用，反之亦然。研究某个电场时，我们往往在电场中放入电荷量充分小的电荷 q，以避免其对研究电场的影响。由于不同的电荷 q 在被研究电场的同一点所受到的电场力 F 不同，仅用电场力的大小直接表示电场的强弱不合适。而被研究电场中，某点的电荷所受的电场力 F 与它的电荷量 q 比值恒定，我们常用 F/q 这个比值即电场强度 E 来表示电场的强弱。

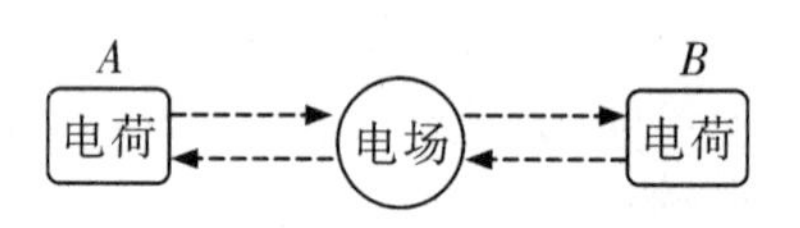

图 1-2　电荷间的相互作用

$$E = F/q \quad \text{（公式 1-2）}$$

电场强度的单位是伏特每米，符号是 V/m。1 N/C = 1 V/m。

由电场强度的定义和库仑定律，可以得出点电荷电场的场强公式。点电荷 Q 在真空中形成的电场中，在距离 Q 为 r 的 P 点的场强 E 的大小为

$$E = kQ/r^2 \quad \text{（公式 1-3）}$$

电场强度是矢量，物理学中规定，电场中某点的场强的方向与正电荷在该点所受的电场力的方向相同，负电荷在电场中某点所受的电场力的方向与该点的场强方向相反。如果 Q 为正电荷，E 的方向就是沿着 PQ 的连线并背离 Q；如果 Q 是负电荷，E 的方向就是沿着 PQ 的连线并指向 Q（图 1-3）。

如果几个点电荷同时存在，这时某点的场强等于各个电荷单独存在时在该点产生的场强的矢量和。例如图 1-4 中 P 点的场强，等于 $+Q_1$ 在该点产生的场强 E_1 和 $-Q_2$ 在该点产生的场强 E_2 的矢量和。

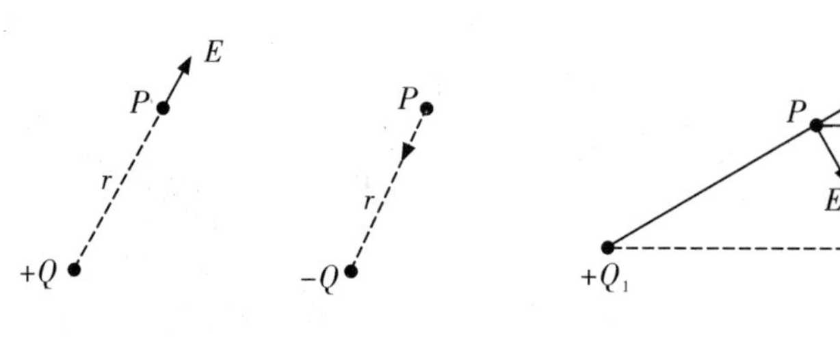

图 1-3　电场的方向　　图 1-4　电场的叠加

三、电场线

为形象地描述场强的分布，在电场中人为地画出一些有方向的曲线，曲线上一点的切线方向表示该点电场强度的方向，这样的曲线叫做电场线。电场线的疏密程度与该处场强大小成正比。在没有电荷的空间，电场线具有不相交（包括相切）、不中断的特点。静电场的电场线还具有下列特性：电场线不闭合，始于正电荷（无穷近）止于负电荷（无穷远）；电场线垂直于导体表面；电场线与等势面垂直。感应电场的电场线具有下述特性：感应电场的电场线是闭合的，没有起点、终点；闭合的电场线包围变化的磁场。

图1－5画出了带有电荷的雷云与地面之间的电场线分布。在图1－5中，雷云带有负电荷，这些电荷吸引并在地面汇聚异性的正电荷。在雷云与大地之间，电场的分布是不均匀的。在地面突出物的尖端（如直立的人体头部或树木、房屋顶部）部位，正电荷的集聚较大，因此在这些部位电场线密度较大，代表着电场相对集中，电场的强度相对较高。这也就是为什么在雷雨天，人不宜直立站在空旷高处无遮蔽场所的原因。

高压架空电力线路下方，由于电力线直径很小（通常直径仅几厘米），因此电场的强度在空间的分布也是极不均匀的（图1－6）。紧邻高压电线导体的局部部位，电场线高度密集，电场的强度很高，导致在恶劣天气条件下某些高电压导线周围的空气会产生“电”，发出“嗞、嗞”的电晕放电声；而离高压线越远处，电场线密度随着离高压导线的距离呈平方的倒数关系减小；在靠近地面时，电场线很疏且均匀、垂直指向地面，标志着邻近地面的电场的强度较低。

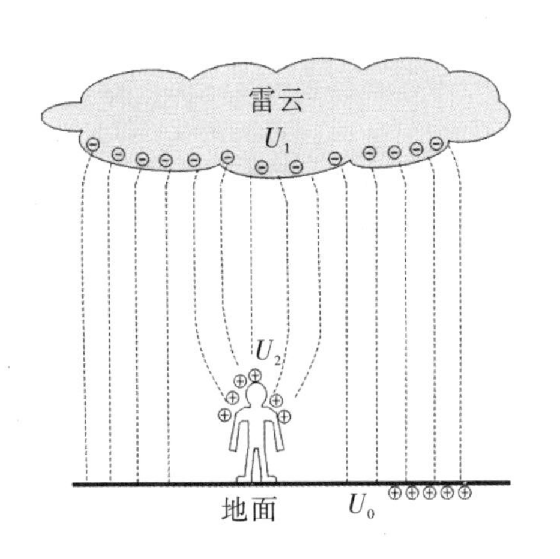

图1－5　雷云与地面间的电场

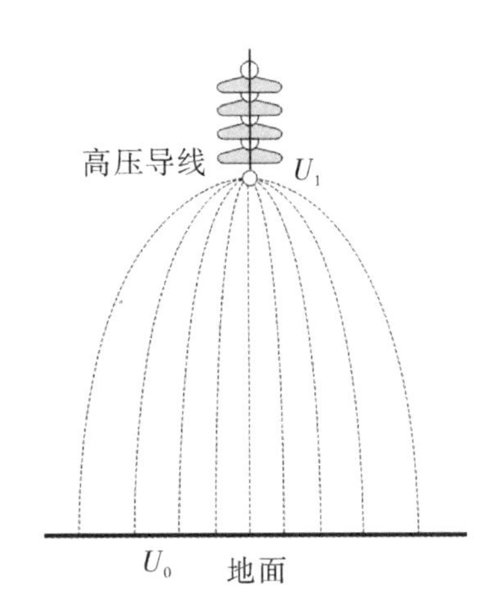

图1－6　高压电力线下方地面电场强度远低于邻近导线处

四、电压

电荷在电场中移动时，电场力做功，表现了电场能的属性。电荷 q 在电场中由一点A移动到另一点B时，电场力所做的功 W_{AB} 与电荷量 Q 的比值 W_{AB}/q，叫做A、B两点间的电势差 U_{AB}。

$$U_{AB} = W_{AB}/q \text{ 或 } W_{AB} = U_{AB}\,q \qquad \text{（公式 1-4）}$$

电势差也叫做电压。电压的单位是伏特，简称伏，符号是 V。如果 1 C 的正电荷在电场中由一点移动到另一点，电场力所做的功为 1 J，这两点间的电势差就是 1 V。即 1 V =1 J/C。电场力所做的功可以是正值，也可以是负值，所以两点间的电势差也可以是正值或负值。日常工作中我们往往只关心两点间电势差的大小，不区分方向，这时取正值。

如果我们在电场中选择一个参考点，可以用电势差来定义电场中各点的电势 φ（V）。电场中某点的电势，等于单位正电荷由该点移动到参考点（零电势点）时电场力所做的功。有了电势的概念，就可以用电势的差值表示电势差。图 1－5 和图 1－6 中的雷云或高压线的电位为 U_1，而大地的电位 U_0 视为零值基准。此时雷云或高压线的电压即为 U_1。

我国居民用电的电压是 220 V，这就是指电插座中的火线与零线间存在 220 V 电势差。按照用电规范，零线和大地是一个电位。所以，在民用供电系统中，火线与大地之间的电压（电势差）也应是 220 V，而通常工业用电、电动机等动力设备则需要 380 V（三相电源）电压。

为了能将电能输送到较远的距离，通常需要使用比民用供电电压（380 V/220 V）更高的电压。因此，我们的电力线路有 10 kV、35 kV、110 kV、220 kV、330 kV、500 kV、750 kV，甚至更高（特高压）的不同电压等级。这是指相应的交流工频电力系统，两相导线与相导线之间的标称电压（电势差）分别为 10 kV、35 kV 等。当然，还有直流输电系统，对地额定电压有正负 50 kV、100 kV、400 kV、500 kV，甚至更高（特高压）电压等级。

五、电场强度与电压的关系

电场强度是与电场对电荷的作用力相联系，电压是与电场力移动电荷做功相联系。在匀强电场中，沿场强方向的两点间的电压等于场强与这两点间距离的乘积。

$$U = Er \qquad \text{（公式 1-5）}$$

由此可见，在匀强电场中，场强在数值上等于沿场强方向每单位距离上的电压。

$$E = U/r \qquad \text{（公式 1-6）}$$

如把两块金属极板加上 220 V 民用电电压，拉开到相距 1 m 的距离（图 1－7）。在相距 1 m 极板空间中，电场强度 E 就为 220 V/m（即 0.22 kV/m）。如果把极板拉近至相距 10 cm（即 0.1 m），那么电场强度 E 就达到 2.2 kV/m。

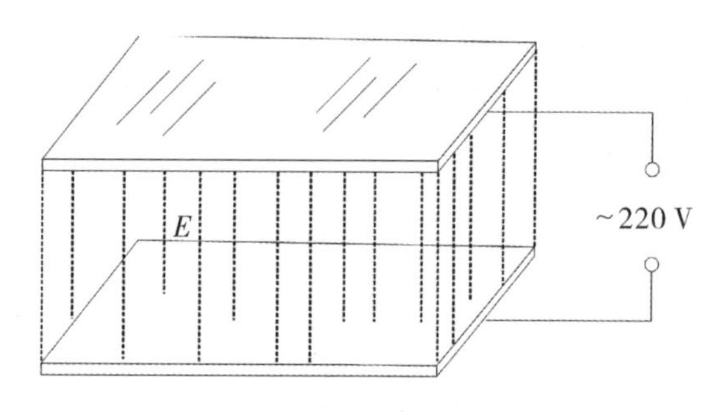

图 1－7　220 V 民用电压产生的电场强度

第二节　磁　　场

磁场（magnetic field）是磁铁或电流周围存在的矢量场，是由磁场强度与磁通密度表征的电磁场的组成部分。与电场一样，磁场也是一个抽象概念，是永磁体或电流周围存在的一种非基本粒子的物质形态。它通过对周围空间的运动电荷或其他磁体的相互作用而显现其存在。

一、磁场方向和磁感线

物理学中规定，在磁场中的任何一点，小磁针静止时北极所指的方向为该点的磁场方向。早先，迈克尔·法拉第（Michael Faraday，1791—1867）就曾在玻璃板上撒布铁粉，并轻轻敲击振动，使铁粉在永磁铁或电流导线周围排列成线状，铁粉在磁场作用下形成的虚拟曲线被称为磁力线（或磁感应线）。图1－8是应用现代科技手段建立的永磁铁周围磁性颗粒按磁力线方向有序排列的立体演示模型（引自 http://ylsh.mlc.edu.tw 网站）。磁力是由于铁粉在磁场中受力，按异性相引、同性相斥原理排列而形成。磁力线曲线簇是一组闭合曲线，可作为磁场分布状况的一种图示工具。条形磁铁、马蹄形磁铁、长直的载电流导线以及载电流空心线圈周围形成的磁力线分别如图1－9所示。

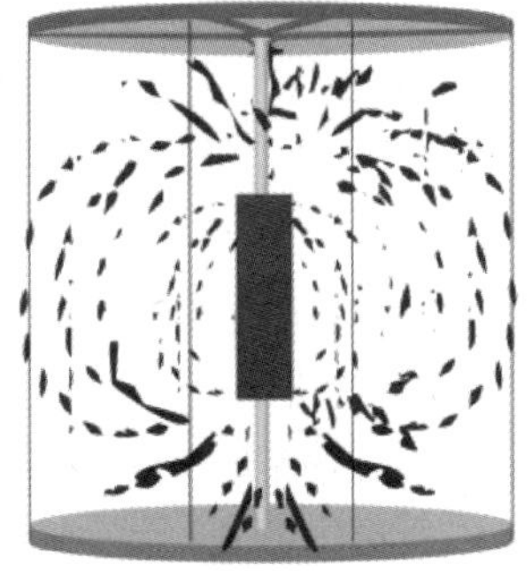

图1－8　永磁铁的磁力线显示模型

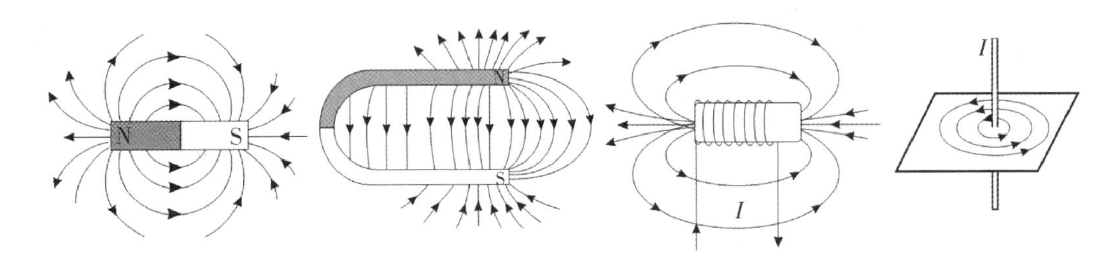

图1－9　永磁铁及电流产生的磁力线

永磁铁在周围产生的磁场是大小、方向基本不随时间变化的恒定磁场，通常称这种磁场为“静磁场”。电流在其周围产生的磁类型则取决于导线或线圈中通过的电流：当导线中流过大小与方向不变的直流电时，周围产生的是“静磁场”；当导线中流过大小方向随时间周期变化的交流电时，周围产生的磁场也是相应频率的低频交变磁场。

二、磁感应强度和磁场强度

磁场不仅具有方向性，其强弱也不同。磁场对其中的电流有磁场力的作用，通常称为安培力。实验表明，把一段通电直导线放在磁场里，当导线方向与磁场方向垂直时，电流所受的安培力最大；当导线方向与磁场方向一致时，电流所受的安培力最小，等于零；当导线方向与磁场方向斜交时，电流所受安培力在大小值之间。精确的实验表明，通电的导线在磁场中受到的安培力的大小，既与导线的长度 L 成正比，又与导线中的电流 I 成正比。

$$F = BIL \qquad \text{（公式 1-7）}$$

公式可转化为

$$B = F/IL \qquad \text{（公式 1-8）}$$

B 为磁感应强度（又称磁通密度），是在磁场中垂直于磁场方向的通电导线所受的安培力 F 与电流 I 和导线长度 L 的乘积的比值。比值越大，表示磁场越强。在国际单位制中，磁感应强度的单位是特斯拉，简称特，国际符号为 T，1 T = 1 N/(A · m)。地面附近地磁场的磁感应强度是 $0.7\times10^{-7}\sim0.3\times10^{-4}$ T，永磁体的磁极附近的磁感应强度是 $1\times10^{-3}\sim1$ T，电机和变压器的铁心中的磁感应强度可达 0.8 ～1.4 T。在人体所处的日常生活环境中，由于磁感应强度通常比永磁体附近小得多，因此感应强度的计量单位一般采用 T 的千分单位 mT 或更小的 μT 来计量（1 mT = 10^{-3} T，1 μT = 10^{-3} mT）。

表征电流产生磁场大小的物理量还可以用磁场强度 H，以安培每米（A/m）为计量单位。

$$B = \mu_0 H \qquad \text{（公式 1-9）}$$

式中，μ_0 是比例常数（磁导率）；在真空和空气以及非磁性（包括生物的）材料中，μ 的值为 $4\pi\times10^{-7}$，单位是亨利每米（H m^{-1}）。出于防护目的而描述磁场时，只需用 B 或 H 中的一个物理量来说明。在英美等部分国家，磁感应强度仍常用非国际计量单位高斯（Gs）或毫高斯（mGs）来计量（1 mGs = 0.1 μT）。

第三节　电磁场与电磁波

在职业与环境卫生领域，“电磁场”指的是上述客观存在的电场和磁场的一个统称，在这个“场”中，生物机体受上述电场和磁场性质的影响，产生非致热效应。目前，普遍认为 100 kHz 以内的电磁场均以非致热效应为主，其相应卫生标准、环境控制标准与电磁源排放标准也是在这种电场和磁场影响的基础上制定的。当频率在 10 kHz 以上时，电磁场往往不以上述电场和磁场对机体起作用，而是以下述电磁波的形式传递能量，产生致热等效应影响人体健康。

一、电磁场及电磁波的产生

英国科学家迈克尔 · 法拉第与俄国物理学家海因里希 · 楞次（Heinrich Friedrich

Lenz，1804—1865）通过导体回路实验得出电磁感应定律：导体中电流的变化会使周围空间产生变化的磁场，磁场的变化会使线圈导体感应出变化的电场。迈克尔·法拉第发现电磁感应现象 33 年后，英国物理学家麦克斯韦（James Clerk Maxwell，1831—1879）在 1865 年分析、总结前人对电磁现象研究成果的基础上，提出了经典电磁场理论，并于 1865 年正式发表了描述电磁场的一组完整方程式，提出电磁感应定律不仅适用于导体回路，也适用于空间任意“假想回路”。他预言了空间电磁波的存在，突破性地把电磁感应定律的应用从导体回路拓展到了空间领域，从而成为无线电通信的奠基人。变化的磁场产生电场，变化的电场产生磁场，这是麦克斯韦理论的两大支柱。按照这个理论，变化的电场和磁场总是相互联系的，形成一个不可分离的统一的场，这就是电磁场。电场和磁场只是这个统一的电磁场的两种具体表现。

从麦克斯韦的电磁场理论可知，如果在空间某处发生了变化的电场，就会在空间引起变化的磁场，这个变化的电场和磁场又会在较远的空间引起新的变化的电场和磁场。这样，变化的电场和磁场并不局限于空间某个区域，而要由近及远向周围空间传播开去。电磁场这样由近及远的传播，就形成了电磁波。研究表明，要有效地向外界发射电磁波，振荡电路必须具有如下特点：要有足够高的振荡频率。理论的研究表明，振荡电路向外界辐射能量的本领，即单位时间内辐射出去的能量，与频率的四次方成正比。频率越高，发射电磁波的本领越大；振荡电路的电场和磁场必须分散到尽可能大的空间，才能有效地把电磁场的能量传播出去。我们在生活中熟知的中、短波调幅，调频电台无线广播信号，移动通信（手机）信号，电视视听信号，遥感卫星通信，雷达等，都是以电磁场（或电磁波）的形式在空间进行能量传播的。

二、电磁场的特点

根据麦克斯韦的电磁场理论，电磁波中的电场和磁场互相垂直，电磁波在与二者均垂直的方向上传播。图 1－10 表示了做正弦变化的电场或磁场所引起的电磁波在某一时刻的波的图像。波峰表示在该点的电场强度 E 或磁感应强度 B 在正方向具有最大值，波谷表示在该点的电场强度 E 或磁感应强度 B 在反方向具有最大值。两个相邻的波峰（或波谷）之间的距离等于电磁波的波长。在传播方向上的任一点，E 和 B 都随时间做正弦变化，E 的方向平行于 x 轴，B 的方向平行于 y 轴，它们彼此垂直，而且都跟波的传播方向垂直，因此电磁波是横波。电磁波在空间以一定的速度传播，其波长 λ、频率 f（或周期 T）和波速 c 之间的关系遵从波动的一般关系，即

$$c = \lambda / T = \lambda f \qquad \text{（公式 1－10）}$$

在麦克斯韦发现电磁场理论二十多年后，德国物理学家赫兹（Heinrich Rudolf Hertz，1857—1894）在 1888 年第一次用实验证实了电磁波的存在。赫兹还测定了电磁波的波长和频率，证实了电磁波在真空中的传播速度等于光在真空中的传播速度 $c = 2.99793 \times 10^8$ m/s，还证明了电磁波跟所有波动一样，能产生反射、折射、衍射及干涉等现象。现在我们用的电磁场频率的单位赫兹（Hz）就是以他的名字命名的。电磁波的传播如图 1－10 所示。

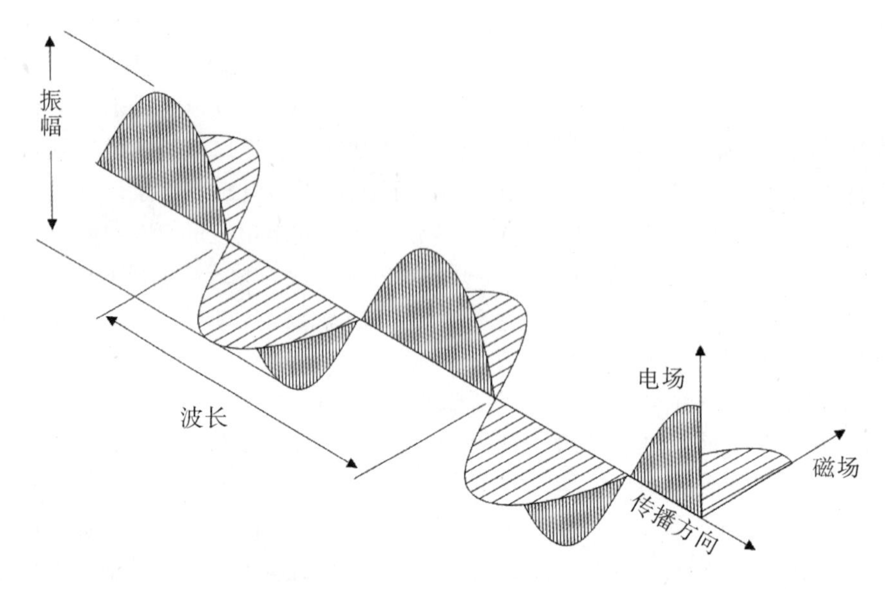

图 1－10　电磁波的传播

三、近区场和远区场

电磁场可相对地划分为近区场（near-field）和远区场（far-field）。离开辐射源 $2D^2/\lambda$（D 为辐射源口径，λ 为波长）的距离作为两区场的分界。近区场以 $\lambda/2\pi$ 为界又分为感应场和辐射场。距离小于 $\lambda/2\pi$ 的区域为感应场，大于 $\lambda/2\pi$ 的区域为辐射场。在感应近区场，电场和磁场强度不成一定比例关系。因此，需分别测定电场强度（V/m）和磁场强度（A/m）。

四、电磁辐射

因为电磁场以电磁波的形式向外发射能量，因而在电磁兼容性学科领域中也把它称为“电磁辐射”。电磁辐射是指电磁能量以波的形式向外发射的过程，也指所发射的电磁波。如图 1－11 和表 1－1 所示，按波长或频率的不同，电磁辐射频率由低到高可分为射频辐射和微波、红外辐射、可见光、紫外辐射、X 射线和 γ 射线。按照对生物的效应来分，电磁辐射又可以分为电离辐射和非电离辐射，电离辐射频率较高，是一切能引起物质电离的辐射总称，如高速带电粒子有 α 粒子、β 粒子、质子，不带电粒子有中子以及 X 射线、γ 射线。电离辐射可以从原子或分子里面电离（ionize）出至少一个电子，对机体的影响很大，我们往往也称其为放射。非电离辐射频率较低，不能引起物质产生电离，对健康影响相对较小，如射频辐射和微波、红外线辐射、可见光辐射和紫外辐射等。紫外辐射的波长和频率与电离辐射很接近，部分紫外辐射也可以产生电离作用。

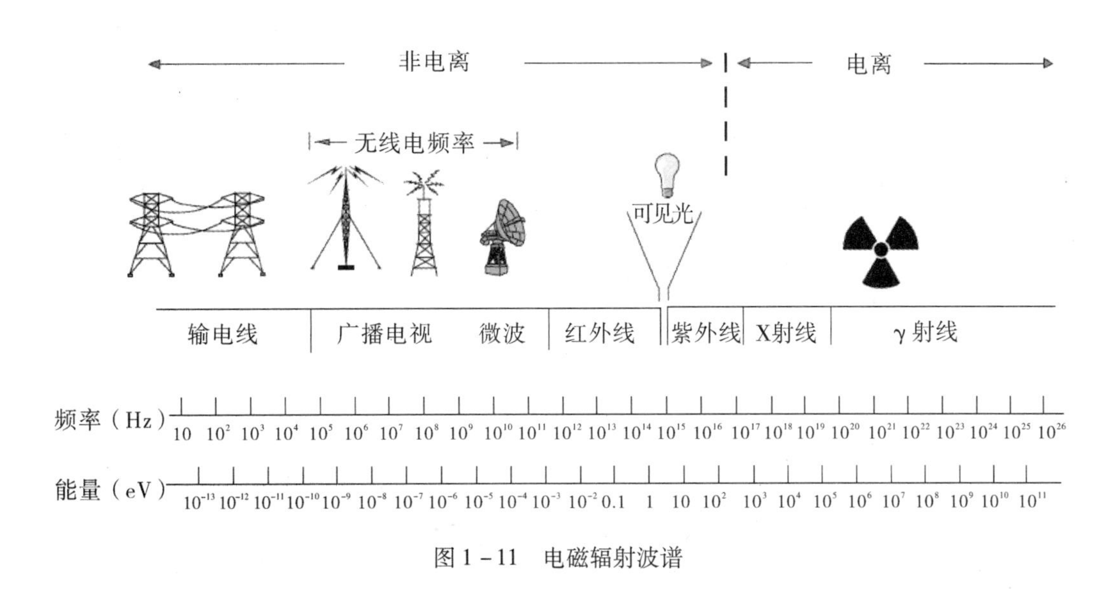

图 1－11　电磁辐射波谱

表 1－1　电磁辐射的分类

名　称	波长（真空中）	频率（Hz）	能量（eV）
射频辐射	1 ～ 10^4 m	3×10^4 ～ 3×10^8	1.24×10^{-10} ～ 1.24×10^{-6}
微波	1 mm ～ 1 m	3×10^8 ～ 3×10^{11}	1.24×10^{-6} ～ 1.24×10^{-3}
红外线	0.8 μm ～ 1 mm	3×10^{11} ～ 3.7×10^{14}	1.24×10^{-3} ～ 1.55
可见光	380 ～ 800 nm	3.7×10^{14} ～ 7.9×10^{14}	1.55 ～ 3.26
紫外线	10 ～ 380 nm	7.9×10^{14} ～ 3×10^{16}	3.26 ～ 1.24×10^2
X 射线	10^{-3} ～ 10 nm	3×10^{16} ～ 3×10^{20}	1.24×10^2 ～ 1.24×10^6
γ 射线	10^{-4} ～ 10^{-3} nm	3×10^{20} ～ 3×10^{21}	1.24×10^6 ～ 1.24×10^7

第四节　低频、极低频电磁场

工业、通讯、环境及卫生领域中，对“极低频”（extremely low frequency，ELF）术语及其频率区段划定，就严格定义而言，是有所差异的。这种差异并不是实质性的，而是由于各自的出发点不一样造成的。工业和通讯领域往往按照其物理特性进行低频和极低频的定义，而环境和卫生领域往往按照其对人体作用机制和生物效应来进行划分。如表 1－2 所示，即使同时从健康安全角度出发，不同组织对低频和极低频的定义也存在很大的不同，特别是在确定频率的“上限”上。

表1-2　不同组织或国家电磁场限值频率划分情况及微波划分

名　　称	低频电磁场限值频率范围	射频及微波限值频率范围
WHO	～100 kHz	—
ICNIRP	1 Hz～100 kHz	100 kHz～300 GHz
欧盟	1 Hz～100 kHz	100 kHz～300 GHz
IEEE	～3 kHz	3 kHz～300 GHz
ACGIH	1 Hz～30 kHz （1 Hz～300 Hz 为极低频）	30 kHz～300 GHz
NIEHS	3 Hz～3 kHz	3 kHz～300 GHz
中国（GBZ 2.2）	—	100 kHz～300 GHz
日本	～100 kHz	100 kHz～300 GHz

就无线电管理部门而言，从保证通讯畅通，避免各种信息相互产生干扰，保证“电磁兼容性”角度，把电磁波频段中可用于通信的（3 000 GHz 以下）、在空间传播的电磁波频段尽量细分。由此出发，我国信息产业管理部门列出 14 个可供授权使用的频率段，并分别给予了各频段的中英文参考命名；其中，“极低频”（ELF）属于 1 频带，频率范围为 3～30 Hz，如表 1-3 所示。这与较多电气工程文献或严格的术语把 0 Hz～3 kHz（不含 0 Hz）或 0～300 Hz（不含 0 Hz）定义为极低频（ELF），而把 3 kHz～300 GHz 频段（或 3 kHz～3 000 GHz）频段定义为射频（radio frequency，也称无线电频率，RF），存在明显的不同。

表1-3　无线电频带和波段的命名

带号	频带名称	频率范围	波段名称	波长范围
-1	至低频（TLF）	0.03～0.3 Hz	至长波或千兆米波	10 000～1 000 Mm（兆米）
0	至低频（TLF）	0.3～3 Hz	至长波或百兆米波	1 000～100 Mm（兆米）
1	极低频（ELF）	3～30 Hz	极长波	100～10 Mm（兆米）
2	超低频（SLF）	30～300 Hz	超长波	10～1 Mm（兆米）
3	特低频（ULF）	300～3 000 Hz	特长波	1 000～100 km（千米）
4	甚低频（VLF）	3～30 kHz	甚长波	100～10 km（千米）
5	低频（LF）	30～300 kHz	长波	10～1 km（千米）
6	中频（MF）	300～3 000 kHz	中波	1 000～100 m（米）
7	高频（HF）	3～30 MHz	短波	100～10 m（米）
8	甚高频（VHF）	30～300 MHz	米波	10～1 m（米）

续表 1 - 3

带号	频带名称	频率范围	波段名称	波长范围
9	特高频（UHF）	300 ～3 000 MHz	分米波	10 ～1 dm（分米）
10	超低频（SHF）	3 ～30 GHz	厘米波	10 ～1 cm（厘米）
11	极低频（EHF）	30 ～300 GHz	毫米波	10 ～1 mm（毫米）
12	至高频（THF）	300 ～3 000 GHz	丝米波或亚毫米波	10 ～1 dmm（丝米）

原表注：频率范围（波长范围亦类似）均含上限，不含下限；相应名词非正式标准，仅作简化称呼参考之用。

美国电气与电子工程师学会（Institute for Electrical and Electronic Engineers，IEEE）及国际电磁辐射安全委员会（International Commission for Electromagnetic Safety，ICEMS）把 3 kHz 作为“射频段”下限。其制定的安全暴露标准包括 C95. 6：《人体暴露 0 ～3 kHz 电磁场安全水平的 IEEE 标准》及 C95. 1：《人体暴露 3 kHz ～300 GHz 射频电磁场安全水平的 IEEE 标准》。但是，IEEE 并未对“极低频”给出严格的术语定义或频段范围。

国际非电离辐射防护委员会（International Commission on Non-Ionizing Radiation Prection，ICNIRP），在分别把静态场、1 Hz ～100 kHz、100 kHz ～300 GHz 作为 3 个分别评估的频率领域的同时，定义极低频为 300 Hz 以下，射频为 300 Hz ～300 GHz。

美国国家环境卫生研究所（National Institute of Environmental Health Sciences，NIEHS）于 1998 年向国会提交的“电力频率电场与磁场暴露健康影响评估”工作报告中，对低频段电磁场给出的严格术语与相应的频率范围如表 1 - 4 所示。

表 1 - 4　美国 NIEHS 评估报告中的相关术语及频段划分

频段名称	英文全称	频率范围
ULF	ultra low frequency	3 Hz 以下
ELF	extremely low frequency	3 ～3 000 Hz
VLF	very low frequency	3 ～30 kHz
LF	low frequency	30 ～300 kHz

世界卫生组织（World Health Organization，WHO）及其批准、授权的电磁场暴露标准制定机构，均把极低频（ELF）电磁场健康风险评估的频率范围确定为 0 Hz（或大于 0 Hz）～100 kHz，并把该频段范围（处于电磁频谱大家族极低端）统称为极低频（ELF）。WHO 把 100 kHz 以下频率范围统称为极低频，完全是从生物影响估计需要出发的。100 kHz 及以下的低频场在场的物理特性、人体生物作用机制、剂量学模型以及已知健康后果等方面具有共性；这一频率区段内已有的科研数据具有互补及可沿用性。因此，突破工业领域“极低频场”严格的术语及其界定的频率范围，把极低频（ELF）场健康风险评估研究的频率跨度确定为 0 Hz ～100 kHz 是有其道理的，这并不是对工

业系统严格的“极低频”术语所界定的频率范围的否定。

我国现有职业卫生标准只对 100 kHz 以上的电磁辐射以及 50 Hz 工频电场进行了限值的规定，标准将 100 kHz 以上的电磁辐射分为高频（100 kHz ～30 MHz）、超高频（30 MHz ～300 MHz）以及微波（300 MHz ～300 GHz）。

本书结合目前我国职业接触限值的频段划分现况，从生物影响估计需要出发，考虑到 100 kHz 及以下的低频场的物理特性、人体生物作用机制、剂量学模型以及已知健康后果等方面具有共性，确定以 100 kHz 为划分点，将 1 Hz ～100 kHz 作为低频电磁场进行低频电磁场与职业健康的探讨，本文不对 100 kHz 以下低频电磁场进行划分和定义。

第五节　工频电磁场

由于全世界工业用电均采用 50 Hz 或 60 Hz 的频率，因此在诸多文献中又把 50 Hz 和 60 Hz 频率专称为“工频”（“工业频率”的简称，下同），它是极低频中最具代表性、最受关注和研究得最多的频率。50 Hz 和 60 Hz 的电磁场简称工频电磁场（power frequency electromagnetic fields，PF-EMFs）。工频最主要的来源便是交流电，交流电简称“交流”，一般指大小和方向随时间作周期性变化的电或电流。

通常用于生活照明或动力设备的低频交流电是由交流发电机产生的，交流发电机的发明者是尼古拉·特斯拉（Nikola Tesla，1856—1943）。交流发电机利用的是电磁感应的原理，即：当一根导体在磁场中运动，并切割磁力线时，在导体两端就会感应出电压（或称感应电势）。感应电势 e 的方向与磁场方向、导线运动方向三者间的关系遵循高中物理学介绍的右手定则，如图 1－12 所示。

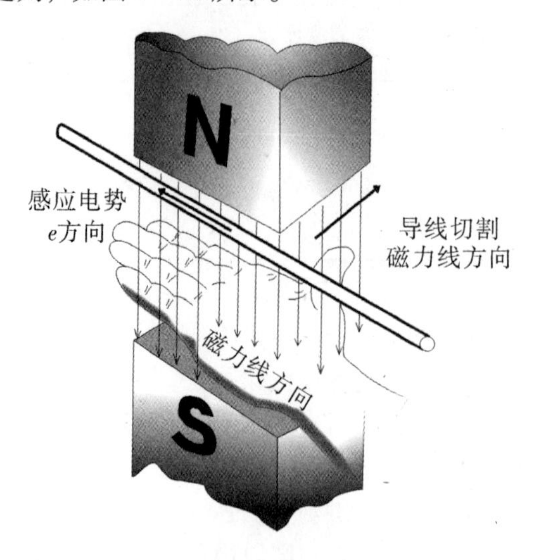

图 1－12　电磁感应电势的右手定则

图 1－13 是交流发电机的原理结构图。图 1－13a 的定子是电磁铁形成的一对固定磁极，转动部分称为转子，由相互连接两根导体 A、X 组成线圈。而图 1－13b 与图 1－13a 的差别是固定的定子开有槽，铁心表面槽中嵌有由两根导体 A、X 连接组成的线圈，转子则由高速旋转的电磁铁组成。不论哪一种结构形式，在转子被汽轮机、水轮机等原动机驱动而高速旋转时，线圈开口处就出现时大时小的感应电势（即线圈开口端的电压）。当线圈 A-X 处于 N 极 S 极之间置时，因该处磁场强度瞬时值为零，此时感应电势也瞬时为零。当线圈 A-X 旋转到磁极正中间位置时，因为此处磁场强度最大，瞬间感应电势也呈现（正的或负的）最大值。因而，当我们把沿定子、转子表面的磁场强度设计得呈空间均匀、平滑变化（即沿圆周呈正弦规律分布）时，在电机转子转动过程中，线圈 A-X 就感应出大小按正弦规律变化的感应电势 e，如图 1－13 所示。

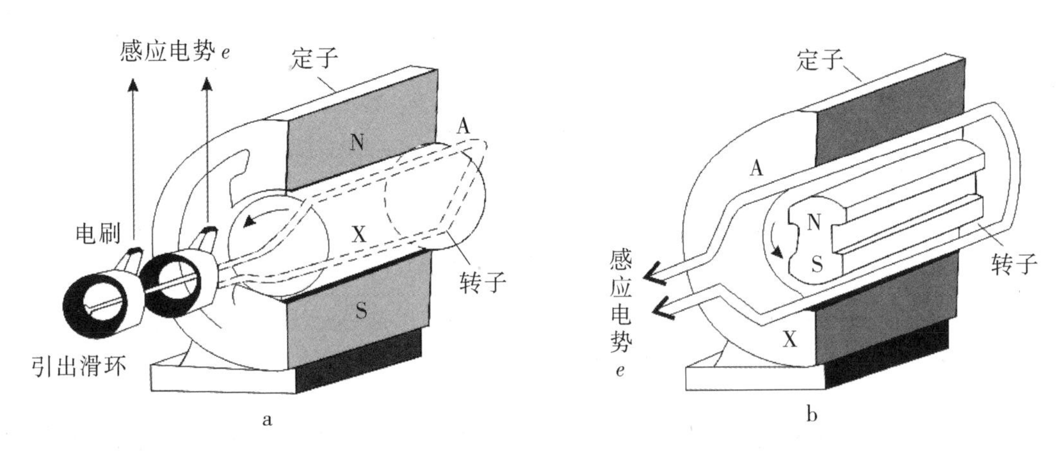

图 1－13　交流发电机原理结构图

交流电的瞬时值大小是随时间变化的，由图 1－14 可见，交流发电机的转子旋转一整圈，交流电场的感应电势完成了零→正向最大值→零→负向最大值→零的一个完整循

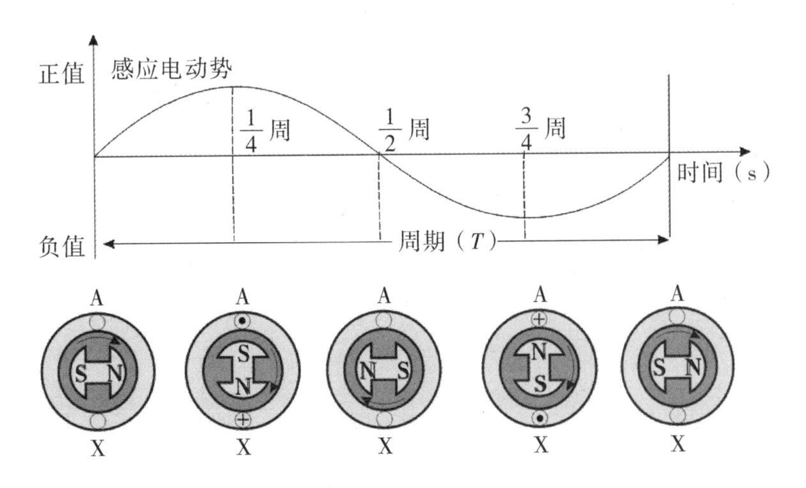

图 1－14　交流发电机变化示意图

环。交流电变化一个循环所需的时间，称为交流电的“周期”，周期通常用符号 T 表示，它的单位是秒（s）。正弦交流电每秒钟循环变化的次数则称为交流电的“频率”，通常用符号 F 表示，它的计量单位是赫兹（Hz）。如图 1 – 13 所示的两极汽轮发电机若转速为 3 000 转/分钟，则线圈感应电势在每秒内变化的次数为 3 000/60 =50 次，我们就称这种交流电的“频率”为“50 Hz”（它表示这种交流电的方向和强度每秒改变 50 次）。在中国，市民与工业用电的标准频率统一规定为 50 Hz，而日本、北美一些国家，使用的交流电标准频率为 60 Hz。为了获得 60 Hz 的交流电，这些国家的发电机就必须以更高的转速来运转。为了保证供电质量及用电设备的正常工作，电力企业必须保证所供应的电能始终稳定在 50 ±0.5（或 ±0.2）Hz 的标准频率下，不能有超过标准规范允许的偏差出现。为了达到这一质量指标，全国的发电机都在同一转速下“同步”运行。

第二章　低频电磁场与人体健康的关系

第一节　总　　论

生物效应是对环境中的刺激物或者改变做出的可以检测到的反应。这些改变并不一定对人的身体健康有害。人体具有复杂的机制来调整适应机体在环境中遇到的众多变化的影响。外周环境不断地改变组成为我们正常生活的一部分。当然，身体不会对所有的生物效应都产生足够的补偿机制。长期作用于身体的不可逆性的改变有可能成为危害健康的因素。有害的健康效应可以对暴露的人体或者后代的健康产生可以检测到的伤害。而生物效应可能导致有害的健康效应，也可能不导致有害的健康效应。

一、电磁场生物效应作用机制假说

1．基于电磁感应原理的感应电场和感应电流

根据电磁感应原理，只要穿过闭合电路的磁通量发生变化，闭合电路中就会产生感应电流。组成生物体的各类组织拥有不同的电磁特性。基于这些信息便可以用电磁感应原理预测由电磁场产生的感应电流的大小，评估其生物效应。然而，对很多可能发生的物理反应来说，电磁场效应似乎被噪音所淹没。在分子层面上，组织中的电场和工频电磁场使分子带电所需的能量可以很容易地从计算得出。计算结果表明，即使分子加速可以在人体尺寸的范围内无限制进行，1 000 V/m 和/或 0.1 mT 电磁场也不可能明显改变分子的速度。因此，这样的弱场将无法改变单个分子的运动方式。此外，基于电磁感应原理的感应电场和感应电流机制，电磁场可以通过电感和电容耦合产生的感应电流进行能量传导，导致生物体组织内部的热效应。而且其传导的能量也是可以计算的。具体到交直流输电中的电磁环境，通过计算可知，由 1 kV/m、0.1 mT 的电磁辐射所产生的人体中感应电流的热效应约为 5×10^{-8} W，平均到人体表面，约为 2×10^{-8} W/m^2。而由正午太阳辐射所产生的人体表面平均辐射能量约为 1 400 W/m^2，满月时月亮所产生的人体表面平均辐射能量则为 2×10^{-3} W/m^2 左右，比输电线大 1×10^5 倍。

2．基于电磁力的直接作用机制

带电粒子或磁性粒子在电磁场中会受力。生物系统中许多各种不同效应都需要力的参与，电磁场产生的作用力可能影响这些相关的生物效应。电磁力的大小是评估蛋白质以及细胞结构是否被改变的重要因素。带电粒子在外加电场中产生的库仑力和在外加磁场中产生的洛伦兹力可以通过计算获得。根据最近广泛采用的“原子力显微镜”和“光镊”技术，可以将计算所得的电磁力与生物分子能够产生和感应的力进行比较。由计算可知，基准电磁场（1 000 V/m、0.1 mT）在细胞上产生的洛仑兹力比典型的生物系统中的力要小好几个数量级，很难对生物体产生明显的效应。但是在考虑到热噪声的基础上，磁性颗粒在磁场中的运动仍然有可能使生物系统中产生一个可探测到的响应。

1992 年，美国学者科什文克（Kirschvink）等人首次探测出在人脑中存在有磁性颗粒。不久，科什文克就提出了一个基于磁性颗粒的生物磁感受机制（图 2－1），基本模型是一个单磁畴的磁性颗粒与跨膜离子通道相连，外加磁场可使磁性颗粒偏转从而打开或关闭离子通道，进而产生生物学效应。有学者注意到在家鸽喙部和蜜蜂腹部中的磁性颗粒大多是超顺磁颗粒，因而提出一个基于超顺磁颗粒的模型（图 2－2）：一串超顺磁的颗粒与神经细胞膜通过纤维相连，当外加磁场与颗粒串平行时，由于磁化了的颗粒之间吸力的作用，颗粒间距会变小；当外加磁场与颗粒串垂直时，磁力的作用会使颗粒间距变大。颗粒间距的变化会使细胞膜产生应力，从而导致离子通道的开启或关闭，进而导致生物学效应。

3. 自由基对机制

根据量子理论，两个反应的自由基之间形成化学键需要其处于单态。由于电子具有磁矩，由其他电子（同轨道内或附近原子内）或分子内原子核产生的局部磁场有可能反转其中一个电子的自旋方向。因此，自由基对从单态变为三重态或反之。这将改变重组的可能性。外加磁场将“保持”电子的磁矩并减少自旋反转的可能性，从而影响反应速率以及自由基对转化为无法进行重组的三重态的程度。

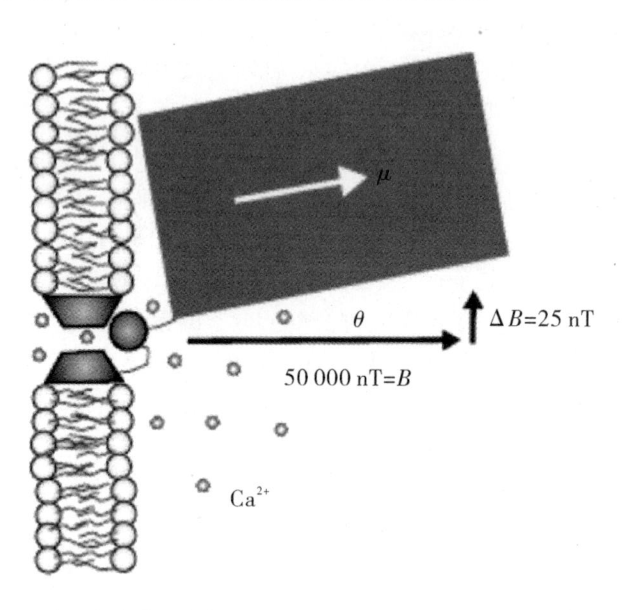

图 2－1　美国学者什文克提出的基于单磁畴磁性颗粒的生物磁感受机制

（图片取自 Kirschvink 的文章）

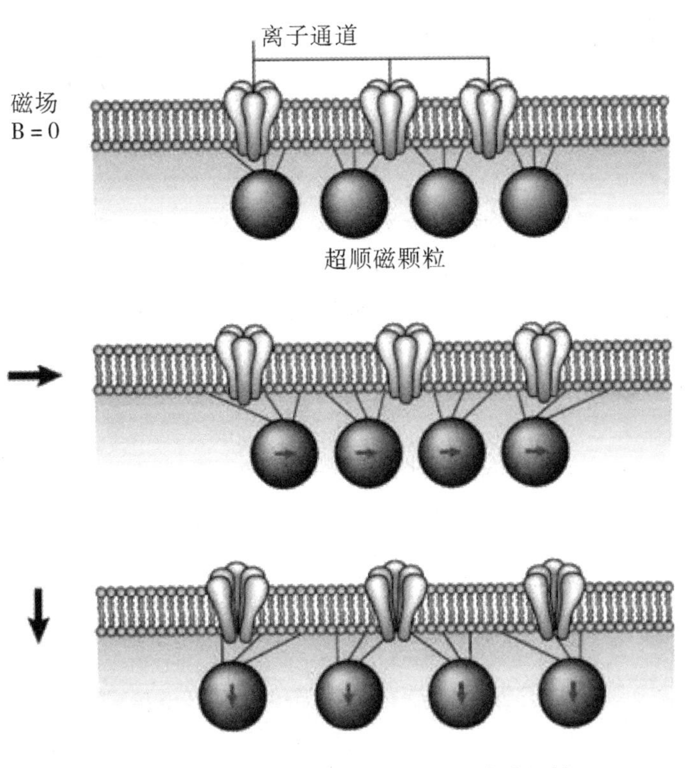

图 2－2　基于超顺磁颗粒的生物磁感受机制
（图片取自 Johnsen 的文章）

自由基机制是目前唯一一种被广泛认可的，用于解释静磁场和低频电磁场对单个分子影响的生物物理机制。虽然实验证据表明生物系统中存在这样的反应，但其生物意义目前还不完全明确。在动物中，特别是鸟类中，这种机制被用来解释其利用地磁信息进行磁定位并迁徙的行为。美国学者里兹等人认为，鸟眼部组织中的光感自由基对中间体在地磁场的作用下产生的变化能够产生信号，并通过视神经传导到大脑，提供其导航所需的固定方位信息。这其中，蓝光受体是产生自由基对的关键。但是，由于自由基相互反应的时间非常短暂（在纳秒到微秒之间），任何自由基在 50 Hz/60 Hz 电磁场和地磁场下的效应都将难以区分。因此，基于磁场改变自由基存在时间的机制假说将不能预测电力线周围的磁场是否比地磁场（或其他静磁场）更加有害。

4．窄频带共振效应

这类机制提出生物体对电磁场信息可能具有选择性，这些信息被认为可以改变生物系统中量子力学状态转换的速率。假如反应机制被调整到正好对应的频率（即“共振”），那么生物系统在足够窄的频带内产生的感应电场可能比同样频带内的热噪声大很多，从而产生明显的生物效应。相关机制又可细分为离子回旋共振（ion cyclotron resonance）、离子参数共振（ion parametric resonance）、拉莫尔旋进（larmor precession）、随机共振（stochastic resonance）等。

在离子回旋共振理论中，将离子在跨膜通道上的行为与离子在空间中的相比较是不现实的。在地磁场中，Ca^{2+}离子回旋共振轨道半径超过1 m，这比细胞或者器官的尺寸大得多。离子参数共振则需要现实中不可能达到的窄振动能量水平，振动状态和外加场还必须处于合适的相位，且离子之间需要对称地结合，这也是不现实的。拉莫尔旋进同样要求振动在一个非常长的时间内保持无扰动。随机共振一般是将一个很小的噪声添加到一个强信号中去，但这种机制无法解释小信号上存在大噪声时所产生的响应。

综上所述，每个机制假说都具有一些限制，电磁场对生物产生影响的过程中的很多细节问题仍然是未知的。目前，学术界认为可信度较高的机制假说主要是自由基对机制和磁颗粒机制。自由基对是目前看来最合理的低水平作用机制，但还未发现其在细胞新陈代谢和功能中产生显著影响从而造成健康风险的媒介；磁颗粒机制则不能表现出对环境中低频磁场的敏感性。而且，一些涉及更高水平的电磁场的作用机制并没有得到广泛认同，而另外还有一些机制则不能应用在环境电磁场的水平上。总之，生物系统中电磁场感受器的具体结构和工作原理仍然有待研究。电磁场的生物转导机制对于理论物理学家和实验生物学家都是一个挑战。

二、低频电磁场的健康效应

超过一定强度的电磁场可以导致生物效应是明确的。生物效应按出现的时间可以分为急性效应和慢性效应或近期效应和远期效应。通过对健康志愿者的实验表明，短期暴露在环境中或者家中正常强度下的电磁场不会造成任何明显的有害效应。在可能造成伤害的更高强度的电磁场中的暴露是被国家和国际安全准则严格限制的。目前，争议主要集中在长期的低强度暴露是否会引起生物效应并影响人类健康。ICNIRP(2010）阐述了低频电磁辐射的急性和慢性健康影响。

1. 急性健康效应

低频电磁场暴露对神经系统有一些已被确认的急性影响：对神经和肌肉组织的直接刺激以及引发视网膜光幻视。

根据神经模型的理论计算，人体周围神经系统（peripheral nervous system，PNS）有髓神经纤维最小的阈值大约为6 V/m峰值（Reilly，1998，2002）。但是，在志愿者暴露于磁共振（magnetic resonance，MR）切换的梯度磁场中，根据使用均质人体体素模型的计算，周围神经刺激显示的感觉阈值可能低到2 V/m（Nyenhuis，2001）。根据以上磁共振研究数据，So等（2004）运用异质人体模型进行了组织中感应电场的更精确计算，估计周围神经刺激的最小阈值在4～6 V/m（取决于设定刺激发生在皮肤或皮下脂肪）。在较强刺激下，不适和痛感相继而来；在超过感觉中值阈值约20%时出现不能忍耐刺激的最低相对值（ICNIRP，2004）。中枢神经系统中的有髓神经纤维可以被经颅磁刺激（transcranial magnetic stimulation，TMS）感应的电场所激励，在TMS过程中，皮质组织中感应的脉冲场是很高的（$>$100 V/m峰值），虽然理论计算提示，最小刺激阈值可能低至10 V/m峰值（Reilly，1998，2002）。对任何一类神经，在超过1 kHz时，由于神经细胞膜上可供电荷积累的时间逐渐变短，阈值开始上升。在约10 Hz以下，由于神经对缓慢去极化刺激因素的适应，阈值也会上升。

肌肉细胞通常对直接刺激比神经组织较不敏感（Reilly，1998）。心脏肌肉组织应得到特别关注，这是因为它的功能异常是潜在的生命威胁；然而，心室纤颤阈值要比心脏肌肉高 50 倍或以上（Reilly，2002），虽然假如在心脏循环的易损期内心脏受到重复激励时这个倍数将显著下降。在高过约 120 Hz 时，由于肌肉纤维与有髓神经相比时间常数要长得多，阈值会增加。也有间接科学证据显示，诸如视觉过程和运动协调性等脑功能可能受感应电场短暂的影响。所有这些影响都有阈值，低于阈值就不会发生，只要符合体内感应电场的基本限值，这些影响就可以避免。

低于直接神经或肌肉激励阈值的电场已确定的最显著影响是磁光幻视感应，即一种暴露在低频磁场中的志愿者视网膜视场周围的虚晕闪烁光感觉。磁通密度最小阈值在 20 Hz 时约为 5 mT，频率较高和较低时阈值上升。在这些研究中，磁光幻视是感应电场与视网膜中电气可激励细胞相互作用的结果。视网膜形成前脑的旁枝，因此总体上可作为出现在中央神经系统组织内过程的良好但又保守的模型（Attwell，2003）。在视网膜中感应磁光幻的阈值在 20 Hz 频率下为 50 ～ 100 mV/m。频率较高和较低时阈值上升（Saunders，2007），虽然这些值还有很大的不确定性。两个研究组将电极直接对头部施加弱电场，调查了它对人体脑电活动和功能的影响。一组（Kanai，2008）报道了在刺激频率与视觉皮层特性一致时，不论在黑暗条件（约 10 Hz）还是在光照条件（约 20 Hz）下，对视觉皮层的刺激产生了皮层光幻视感觉（类似于在视神经中出现的光幻视），但在更高或更低频率下都不会出现。另一组（Pogosyan，2009）加在正在完成视觉—活动任务的志愿者的运动皮层，发现在完成任务时，手的移动有很小但具有统计显著性的迟缓，这与 20 Hz 时运动皮层作用同步性增加是一致的，在较低的刺激频率下没有发现该效应。总之，这两组作者都发现，在 10 ～ 20 Hz 的电场超过视网膜光幻视阈值时，可与活动中的视觉和运动皮层节奏性的电特性相互作用，并轻微地影响视觉过程和运动协调性。这表明施加 10 ～ 20 Hz 电磁场感应的电场足够大时，也可能产生类似的效应。

但是，志愿者暴露于低频电磁场对脑电活动、识别能力、睡眠和情绪等其他神经反应影响的证据则远不明显（Cook，2002，2006；Crasson，2003；ICNIRP，2003a；Barth，2010）。总体而言，这些研究都是在暴露水平为（或）低于 2 mT 下进行的，也即低于产生上述影响所需要的水平，并且已经产生的证据至多都只是细微和短暂的影响。对得出这些响应的条件目前还不能很好确定。

以动物为对象，已从不同角度，采用一系列暴露条件，针对低频场暴露对神经反应功能影响的可能性展开研究。但几乎没有已确定的影响。有令人信服的证据表明低频电场能够被动物感知，这极有可能是表面电荷效应的结果，并可能导致短暂觉醒或者轻微的紧张。其他可能由电磁场引起的变化都不能很好确定（WHO，2007a）。

按照关于限制静态磁场暴露的导则（ICNIRP，2009）的推荐，ICNIRP 考虑存在一些职业环境，在接受适当的指示与培训的条件下，工人自愿地并已知地经历暂时的影响（诸如视网膜光幻视和某些脑功能可能的细微变化）是合理的，因为他们不相信会导致长期或病理学的健康影响。在这种情况下，为了避免周围和中央有髓神经刺激，应限制整个躯体的暴露。ICNIRP 注意到，在周围神经感觉阈值和痛感阈值之间存在相对很小的间距（如上所述）；对上述任何一类神经，在频率高于 1 kHz 时，由于髓鞘形成导致的神经膜时间常数非常短。在频率低于 10 Hz 时，由于神经对缓慢去极化刺激因素的适应，阈值都开始上升。

2. 慢性影响

关于低频电磁场慢性影响的文献已经由多个科学家以及科学专门小组详细评价过了。世界卫生组织的癌症研究机构——国际癌症研究机构（International Agency for Research on Cancer，IARC）于 2002 年对低频磁场进行了评价并且将其分类为 2B 类，解释为“对人类有致癌可能性的”。这种分类的依据是儿童期白血病的流行病学结果。

ICNIRP 的观点是，现有关于低频磁场长期暴露与儿童期白血病风险增加有因果性关联的科学证据太弱，不能成为制定暴露导则的基础。特别是，假如上述关系不是因果性的，降低暴露就不具有任何健康利益。

电磁辐射的慢性健康效应研究中的不确定性及争议性，在接下来的几节中，我们将对此分系统进行详细的论述。

第二节　低频电磁场对神经系统的影响

WHO 对神经行为的研究包括 ELF-EMFs 的暴露对神经系统的效应及其在不同组织结构的效应。这包括对外周和中枢神经组织的直接刺激、由感官刺激造成的感知效应和关于中枢神经系统功能的效应。后者的效应可以由记录大脑脑电活动的电生理学和认知能力测验、情绪评估及其他研究来进行评估。在《极低频电磁场环境健康准则（EHC No. 238)》（2007）中，WHO 将 ELF-EMFs 对神经行为的影响研究作了四个方面的总结，分别是电生理学的考虑、志愿者研究、流行病学研究和动物实验。在志愿者研究方面主要从表面电荷、神经刺激、视网膜功能、脑电活动、睡眠、认知、过敏、情绪和机敏八个方面进行了总结；在流行病学研究方面主要从抑郁和自杀两个方面进行了总结；在动物实验方面主要从感觉和现场检测、觉醒和厌恶、脑电活动、神经递质功能及认知功能五个方面进行了总结。

一、低频电磁场对神经刺激和认知等方面的影响

导致神经变性疾病。主要包括低频电磁场与老年痴呆症、运动神经元病、癫痫、帕金森氏病、阿茨海默症、肌萎缩侧索硬化症（amyotrophic lateral sclerosis，ALS）和认知障碍的关系研究。这些疾病可以归类为包含特定神经元死亡的神经变性疾病，尽管他们的病因学看似不同，且这些调查大部分都是独立进行，但是它们的部分发病机制可能相同。

（1）低频电磁场与老年痴呆症。仇成轩等（2004）研究 75 岁及以上非痴呆老人与老年痴呆症之间的影响因素，发现在男性整个职业生涯接触≥0.2 μT 及以上低频磁场，患老年痴呆症的 *RR* 为 2.3，患痴呆的 *RR* 为 2.0，而女性则没有发现类似的相关性。同样，Johansen 等（2001）对 1900—1993 年间受雇于丹麦电力公司的 30 631 名人员进行

回顾性流行病学研究，发现老年痴呆的风险也增加了。通过以上调查研究，可以认为低频电磁场有增加老年痴呆的风险。

（2）低频电磁场与帕金森氏病。Noonan 等（2002）整理 1987—1996 年间科罗拉多州男性死亡的资料记录，发现帕金森病与所有的磁场暴露方式呈正相关，最高职业暴露的 *OR* 值为 1.5（95% *CI* = 1.02 ～ 2.19）。但是，Johansen 等（2001）的研究并没有发现帕金森氏病的发病率与低频电磁场相关。以上两项研究得出的结论不同，但是 Johansen 等（2001）的调查资料时间跨度较大，可信性不及 Noonan（2002）的研究，因此对于低频电磁场与帕金森氏病的关系研究还要进一步深入。

（3）低频电磁场与肌萎缩侧索硬化（ALS）。李仲益等（2002）在 *Medline* 上利用关键词 ALS、职业暴露、电磁场查询从 1966 年起的流行病学研究资料，发现 10 个流行病学研究中的 9 个研究推导 ALS 风险与电磁场职业暴露有中度到强烈的联系。Noonan 等（2002）从 1987—1996 年间科罗拉多州男性死亡的资料记录中也发现 ALS 与磁场暴露史有关，*OR* 值为 2.3（95% *CI* = 1.29 ～ 4.09）。此外，Johansen 等（2001）的研究还发现低频电磁场的暴露增加了老年运动神经元病的风险。

二、低频电磁场对睡眠、精神行为和生命质量的影响

大脑和神经系统依靠电信号发挥作用，因此人们认为其可能会受 EMFs 的影响并被电场和电流感应。大量的研究已经调查了弱 EMFs 对各方面神经系统功能的可能影响，包括认知、行为和神经内分泌反应。此外，EMFs 暴露与自杀和抑郁症的研究也已经有了报道。

（1）对睡眠的影响。大多数研究结果都认为低频电磁场对正常睡眠有一定影响。Li 等（2002）将 1995—1996 年中国台湾北部年龄在 20 ～ 59 岁的 5 078 名已婚女性（居住环境电磁场暴露、磁场强度为 2 mG）作为调查对象，调查 3 种入睡及睡眠维持障碍：入睡障碍（difficulty initiating sleep，DIS）、睡眠维持障碍（disorder of maintaining sleep，DMS）和清晨早醒（early morning awaking，EMA）的发生率。调查显示，DIS、DMS 和 EMA 的发生率分别是 29.5%、38.17% 和 26.02%；DIS 的发生率和卧室磁场暴露相关，*OR* = 1.20（95% *CI* = 1.02 ～ 1.40），DMS 的发生率在女性背景暴露 2 mG 时较高，*OR* = 1.28（95% *CI* = 1.04 ～ 1.56），EMA 发生率的升高也有统计学意义。Sher 等（2000）认为人造电磁场对人的正常睡眠有影响，而且暴露于人造电磁场的人的非正常的睡眠发展程度可以预测精神疾病的发生。此外，他还认为早期介入治疗将会防止精神疾病的发生。

（2）对精神行为的影响。国内外许多关于高压、超高压输电线和变电站的职业卫生调查报告指出，神经衰弱和记忆力减退是工频电磁场作业人员最常见的症状。Zamanian 等（2010）对某燃气电厂员工（暴露强度为 0.087 mT）的心理情绪进行调查，发现其对精神障碍患病率有影响。Edwin 等（2001）对电力公司工人的自杀行为进行研究，得到的研究数据为职业性电磁场和自杀之间的关联提供了值得进一步评价的证据。Thornton 等（2006）研究发现，电磁辐射会影响婴儿的镜像神经元发育，这种发育受损与自闭症有潜在的联系。Trimmel 等（1998）调查了低频电磁场对人心理的影响，

发现暴露于 50 Hz 和 1 mT 环境下的受试者的注意力、理解力、记忆力降低，并出现一些不适感觉。

关于生命质量的研究，魏伟（2009）以年龄超过 40 岁、工龄超过 15 年的 285 名男性维修电工为调查对象，以一般中年（年龄超过 40 岁）男性为对照组，调查其生命质量。调查发现不同工龄组电工的生命质量不同（$P<0.05$）。在躯体疼痛维度，工龄不足 10 年组与超过 30 年组的差异有显著性（$P<0.05$）；而在精神健康维度，工龄不足 20 年的两组分别与工龄超过 20 年的两组，差异有显著性（$P<0.05$）。中年电工与广州市一般中年男性的生命质量差异无显著性（$P>0.05$）。结果提示工频电磁场对人群生命质量可能没有影响。

1. 志愿者研究

志愿者研究主要从神经刺激和认知影响两方面进行了研究，发现暴露于低频电磁场能降低痛阈，而对认知行为没有影响。Ghione 等（2005）将 40 名健康男性志愿者，暴露于 50 Hz、40 μT 或 80 μT 的电磁场中 90 min，观察其脑电图 α 活动、牙齿疼痛阈值及心血管参数（血压和心率），结果发现经 80 μT 磁场作用，α 活动相比对照组几乎增加了一倍；经 40 μT 磁场作用，痛阈显著低于对照组，而血压和心率没有发现显著影响。

2. 实验室研究

a. 动物实验研究

（1）对神经行为的改变。Alfred Barth 等（2010）通过 Meta 分析（50 Hz 磁场暴露），发现 ELF-MFs 对认知功能没有影响，但 Mario 等（2004）将成年雄性大白鼠和同种幼鼠暴露于 60 Hz、1 mT、2 h/d×9 d 的电磁场中，观察其社会性行为和短期记忆，发现低频暴露增强了成年雄性大白鼠的记忆力。李玉红等（2006）将大鼠分为对照组和照射组，照射组接受场强为 6×10^4 V/m 的电磁脉冲照射（分别照射 1 h、6 h、12 h、24 h、3 d、7 d），采用免疫组织化学染色观察海马组织中脑源性神经营养因子（brain derived neurotrophic factor，BDNF）和神经细胞黏附因子（neural cell adhesion molecule，NCAM）的表达，研究电磁辐射前后大鼠海马 BDNF 和 NCAM 表达水平的变化。结果发现 BDNF 和 NCAM 的表达均于照后 1 h 开始升高，6 h 达高峰（$P<0.05$）。说明电磁脉冲照射后早期，BDNF 和 NCAM 的上调可能介导了突触可塑性的正向改变（近年的研究表明，学习记忆功能的障碍与脑内神经信息传递的关键结构——突触可塑性的变化有关，在很多生理和病理状态下均可伴随突触结构而改变）。

大部分研究表明低频电磁场对行为改变有影响。Choleris 等（2001）将雄性老鼠（33～35 g）分为开场实验暴露组（脉冲电磁场、0.9 s、0～500 Hz、100 μT_{peak}）和虚拟暴露组［对照组，地磁场磁感应强度的水平分量（BH）=11.6 μT，地磁场磁感应强度的垂直分量（BV）=50.0 μT，地磁场磁感应强度（BT）=51.3 μT 和 60 Hz＜0.2 mT RMS］，对老鼠开场实验的行为学进行评价，结果发现电磁场暴露影响老鼠行为改变。Janac 等（2005）将老鼠暴露于 50 Hz、0.5 mT 的电磁场中 7 天，观察自发运动和安非他明诱导的刻板活动，结果表明，暴露的时间进程和大脑中的调节系统不平衡，低频电磁场可能影响不同类型的行为。Lei 等（2005）将老鼠分为 20 Hz（1.80 mT、60 min/d）、50 Hz（2.20 mT、60 min/d）和对照组，持续 12 天，观察老鼠的条件位置偏好，结果发现电磁场暴露可能使啮齿类动物的吗啡诱导位置偏好行为发生，这表明低频电磁场能增强吗啡诱导的条件性行为倾向。Jungdae Kim（2004）将实验室老鼠注射可卡因后进行多频率低频磁场（2 Hz、3 Hz、4 Hz、8 Hz、10 Hz、15 Hz、25 Hz、60 Hz，2 mT）急性照射后各种行为的发生情况进行研究，发现在 4 Hz 磁场中的暴露组两种行为（停止暴跳和阵挛）与其他频率的暴露组有显著差异。但是，Prolic 等（2005）将大鼠暴露于 50 Hz、0.5 mT 的电磁场中 7 d，观察大鼠的自发活动情况，结果发现与对照组相比，低频电磁场暴露并没有改变大鼠在开放领域的自发活动。刘童童等（2008）也没有发现研究电磁场（2 mT）暴露对大鼠的神经行为产生影响。

（2）对焦虑和神经刺激的影响。大多数实验结果表明低频磁场暴露会影响焦虑和痛阈，但都掺杂着光的影响。刘童童等（2010）将成年老鼠暴露于 50 Hz/60 Hz、1 h/d 或 4 h/d，连续 25 d，观察老鼠的焦虑行为，研究发现长期的低频磁场暴露可让老鼠有导致焦虑的作用，并取决于日常暴露的持续时间，这种作用对孔隙空间比对强光灯更加敏感。Yoon 等（2004）将小鼠暴露于 60 Hz、强度为 1.5 mT 的低频电磁场中，每天 12 h（08:00 ～20:00），连续 5 d，观察小鼠痛阈的正常昼夜节律，结果暗示低频磁场通过对环境的光暗循环有关的系统起作用，参与小鼠痛阈的昼夜节律。

b. 细胞水平研究

在细胞水平研究的主要方面包括神经细胞活力、细胞凋亡和损伤、神经细胞内成分的改变等方面，对海马神经细胞的研究比较多。

（1）对细胞活力的影响。Akdag 等（2010）将大鼠暴露于职业暴露强度为 100 μT 和 500 μT、2 h/d 的环境下，连续 10 个月，检测大脑细胞凋亡和氧化应激，研究发现细胞凋亡水平和髓过氧化物酶（myeloperoxidase，MPO）没显著不同，过氧化氢酶（catalase，CAT）活力下降、总抗氧化能力（total antioxidant capacity，TAC）下降，丙二醛（malondialdehyde，MDA）、总氧化状态（total antioxidant status，TOS）、氧化应激指数（oxidative stress index，OSI）上升。Piacentini 等（2008）将大鼠暴露于低频磁场（频率 50 Hz、强度 1 mT）的环境下，发现大鼠神经细胞活力下降，细胞分化的量显著下降。而 Di Loreto 等（2009）却得出相反的结论，他将大鼠暴露于低频磁场（频率 50 Hz、强度0.1 ～1.0 mT）的环境下，发现低频磁场影响大鼠神经元细胞活力并降低其凋亡。

（2）对细胞凋亡和损伤的影响。对于细胞凋亡和损伤的研究，结果也很不一致。董娟（2007）将发射源固定于清醒状态大鼠颅顶骨外约 2 mm 处，对实验组大鼠施加脉冲磁场辐射（重复频率 15 Hz、平均场强 0.1 mT），45 min/次，1 次/d，连续 30 d，结果发现本实验条件下，低频脉冲磁场辐射可影响大鼠的脑电节律，并可导致大鼠皮质神经元凋亡及其他超微结构改变，可抑制体外培养的胎鼠皮质神经元生长并可导致其代谢异常、胞浆内游离 Ca^{2+} 浓度升高及线粒体膜电位降低。赵梅兰等（2002）将乳鼠体外原代培养的皮层神经元接受 1 h、6 h、12 h、24 h、48 h，强度为 6×10^4 V/m 的照射，观察神经细胞活性和凋亡细胞的比例以及其形态学的改变，结果发现电磁脉冲辐射后，神经细胞不仅发生快速的坏死，而且还发生细胞凋亡，于辐射作用后 12 h 达到高峰，推断电磁脉冲辐射后早期可导致神经细胞凋亡和坏死，此改变可能与电磁脉冲致细胞DNA损伤有关。王琦等（2006）将大鼠分为照射组（200 kV/m，脉冲200次）和对照组（200 kV/m，脉冲0次），观察两组大鼠海马和边缘区的超微结构，结果发现电磁辐射照射后，海马和边缘区组织中神经元、神经胶质细胞线粒体肿胀、溶酶体增多、核染色质边集。照射后即刻、1～3 h毛细血管周围间隙增大，少数血管内皮细胞肿胀；4～5 h毛细血管周围间隙部分增大，血管内皮细胞有空泡形成。此外，王琦等（2003）还将大鼠分为实验组（场强200 kV/m，间隔时间20 s脉冲200次）和对照组，发现低频电场可致血脑屏障（BBB）损伤（血管通透性增强），但随着时间的延长，血管通透性又逐步降低，辐照6 h后，血管通透性基本恢复正常。

有的研究者得出极低剂量电离辐射降低细胞的凋亡和损伤或是促进神经细胞发育。Zhao等（2003）对暴露于15 Hz正弦波电磁场，磁场强度18 mT，暴露3 d和8 d的大鼠的局灶性左脑皮质挫伤模型的病理学改变进行研究，发现暴露组的炎症反应程度和神经损伤程度明显轻于对照组，在远离大脑损伤部位，神经元形态发生改变，暴露组中数目更多，提示电磁场可以缓解脑损伤反应。Bruna等（2010）研究发现暴露于ELF-EFs可以增强C57BL/6鼠体内的成熟的海马神经发育。但是，Akdag等将大鼠暴露于职业暴露强度为100 μT和500 μT、2 h/d的环境下，连续10个月后检测其大脑细胞凋亡和氧化应激，研究没有发现细胞凋亡有显著不同。

（3）分子生物学方面的研究。对于这方面的研究主要集中在氧化应激有关的一些酶和细胞内一些重要产物上。这些酶和产物包括谷胱甘肽（glutathione，GSH）、谷胱甘肽过氧化物酶（glutathione peroxidase，GSH-Px）、超氧化物歧化酶（superoxide dismntase，SOD）、5－羟色胺（5-hydroxytryptamine，5-HT）、多巴胺（dopamine，DA）、c-Fos和c-Jun等。

Jelenkovic等（2005）发现连续单独暴露于低频磁场（频率50 Hz、强度0.5 mT）或与D－苯丙胺联合作用都影响了大鼠大脑区域还原型谷胱甘肽的含量，低频电磁场暴露使大鼠脑皮质谷胱甘肽含量下降，但在给予安非他明后即可恢复。金焕荣等（2005）将大鼠分为实验组（12 Hz、0.19 mT、8 h/d，连续15 d）和对照组（不进行电磁场暴露），研究发现，与对照组比较，暴露于低频电磁场的大鼠血清MDA含量降低，脑组织中GSH含量和SOD活力明显增加。对于以上两种研究结果的差异，我们尚得不出低频电磁场对于GSH影响确切的结论。

对于抗氧化酶类的研究结果也不统一，由于抗氧化成分功能的差异。刘鬃等（2001）将小鼠置于50 Hz、强度为4 mT的低频电磁场中，观察小鼠脑组织SOD活力和MDA含量以及血液白细胞总数和分类的变化，结果发现SOD活力在暴露10 d和20 d时下降显著；MDA含量在暴露10 d和20 d时明显下降，但在20 d时显著升高。苏海峰（2010）将海马神经元分别暴露在长时间（48 h）低强度（0.1 mT、0.5 mT和1.0 mT）在电磁场和短时高强度（10 mT、20 mT）的工频电磁场中，观察胞质内活性氧自由基（reactive oxygen species，ROS）和胞内 Ca^{2+} 浓度的变化，实验结果表明暴露于0.1 mT、0.5 mT和1.0 mT 48 h电磁场海马神经元的ROS水平和 Ca^{2+} 浓度有显著性提高，并且在时域图上观察到在电磁场施加瞬间ROS水平和 Ca^{2+} 浓度的变化。此外，Jelenkovic等

(2006) 还对大鼠大脑 SOD 活性和超氧自由基的产量、脂质过氧化产物、一氧化氮进行测定。结果表明，由于脂质过氧化的发展，为期 7 d 的低频磁场暴露（频率 50 Hz、强度 0.5 mT、连续 7 d）对大鼠大脑可能是有害的，特别是对基底前脑和额叶皮层。另外，由于一氧化氮在与超氧自由基反应的过度消耗，在所有地区超负离子的高产可能会危及一氧化氮的信号传导过程。

对于细胞内成分的研究，Sieron 等（2004）将 24 只雄性 Wistar 大鼠置于 10 Hz，磁场强度 1.8 ～3.8 mT RMS 的正弦交变磁场中，每天暴露 1 h，连续暴露 14 d 后发现内源性 5-HT 和 DA 及其代谢产物的水平无明显改变，前额叶的 5－羟色胺（5-HT）和多巴胺（DA）含量及合成率增高，纹状体的 5-HT 和 DA 含量无明显改变。Strasak 等（2009）将大鼠暴露于低频磁场（频率 50 Hz、强度 2 mT）的环境下，连续进行 4 d 后检测大脑蛋白质 c-Fos 和 c-Jun（两者皆为癌基因），发现 c-Fos 不受影响而 c-Jun 下降。喻云梅等（2003）将小鼠置于低频电磁场（50 Hz、0.2 mT 及 50 Hz、6.0 mT，持续 2 w 或 4 w）中，观察小鼠脑和肝脏 c-Fos mRNA 水平，结果发现 50 Hz 电磁场暴露引起小鼠脑和肝脏 c-Fos 基因转录水平明显上调。

三、小结

目前，电磁辐射对神经系统的影响研究已成为人们关注的热点之一。从前面的论述可以看出，人们已经从流行病学角度和实验室研究两个方面开展了大量的研究。流行病学研究表明低频电磁场与神经变性疾病（如老年痴呆症、运动神经元病、癫痫、帕金森氏病、阿茨海默症、ALS）、认知功能障碍、对睡眠、精神行为及生命质量等方面都可能有负面影响，尽管这些都还没最终被确认。试验室研究方面也有类似的证据表明电磁辐射对神经系统的损害作用，并对可能的机制进行了初步探讨，如氧化应激、神经递质、信号通路及基因层面的研究。

电磁辐射与人类健康的流行病学调查在理论上应该是电磁辐射危害性的最直接证据，但迄今为止调查结果仍不能对此作出明确的结论，其原因一方面是由于采用的样本量小，而电磁场暴露的人群分类困难，协同因素复杂；另一方面是电磁场产生生物学效应的作用机制不明，导致无法确定专一的、与损害发生相关的 EMF 暴露参数。针对以上原因，WHO 建议在今后的研究中尽可能地使用协调一致的方案，如统一的暴露环境及暴露水平，需要验证在比以前使用的更高的磁通密度下和较宽频范围的剂量—反应关系。

另外，由于胎儿和婴幼儿的特殊性，WHO 还建议，应研究出生前后低频磁场暴露对神经系统和认知功能发育的可能影响，建议开展基于实验室的有关人类暴露于低频电磁场的认知和脑电图（EEG）变化的研究，包括儿童和经常处于职业暴露的成人。同时，还认为使用脑切片或培养神经元研究低频电磁场暴露和感应电场对神经细胞生长的影响，可能是前述研究有益的补充。低频电磁场暴露对神经行为的影响研究如表 2－1 所示。

表 2-1　低频电磁场暴露对神经行为的影响研究

参考文献	研究对象	暴露条件及时间	研究指标	研究结果
人群流行病学研究（神经变性疾病）				
H. Norman 等（2000）	制衣行业工人	DC-1.5 MHz	神经退行性疾病（老年痴呆）	长期暴露于电磁场可能造成制衣行业人员健康损害
Chengxuan Qiu 等（2004）	75 岁及以上非痴呆老人	低频职业暴露	老年痴呆症	男性整个职业生涯接触≥0.2 μT 及以上低频磁场，患老年痴呆症的 *RR* 为 2.3，患痴呆的 *RR* 为 2.0，女性没有发现相关性
C. W. Noonan 等（2002）	科罗拉多州男性死亡的记录资料（1987—1996）	无	帕金森病 ALS 阿尔茨海默病	帕金森病与所有磁场暴露方式呈正相关，最高职业暴露的 *OR* 值为 1.5（1.02～2.19，95% *CI*）。ALS 与磁场暴露史有关，*OR* 值为 2.3（1.29～4.09，95% *CI*）。与阿尔茨海默病无一致相关关系
C. Johansen（2001）	1900—1993 年间受雇于丹麦电力公司的 30 631 名人员	50 Hz 电磁场	中枢神经系统疾病（ALS、老年痴呆、帕金森氏病、阿茨海默症等）的发病率	老年痴呆和运动神经元病的风险增加了；帕金森氏病、阿茨海默症等其他中枢神经系统疾病的发病率与暴露因素不相关；与全人群相比，患癫痫的风险降低了，而内部比较，患癫痫的风险增加了
Chung-Yi Li 等（2002）	2 198 名 65 岁的老年人	工频电磁场	认知损伤	对于 PF-EMF（工频电磁场）和认知损伤之间的关系问题，研究不能提供什么有效的证据。然而研究结果也不能排除 PF-EMF 和以前调查的其他特殊神经病变之间的关系
人群流行病学研究（睡眠、神经精神行为和生命质量）				
C. Y. Li 等（2002）	1995—1996 年 5 078 名中国台湾北部城镇年龄 20～59 岁的已婚女性	对居民磁场暴露强度进行测量估计	3 种入睡及睡眠维持障碍（入睡障碍、睡眠维持障碍和清晨早醒）的发生率	提示居住环境磁场强度升高和女性失眠症存在适度关联性

续表 2－1

参考文献	研究对象	暴露条件及时间	研究指标	研究结果
S. Ghione 等（2005）	40 名健康男性志愿者	50 Hz，40 μT 或 80 μT，90 min	脑电图阿尔法活动，牙齿疼痛阈值及心血管参数（血压和心率）	经 80 μT 磁场作用，阿尔法磁活动相比对照组几乎增加了一倍。经 40 μT 磁场作用，痛阈显著低于对照组，血压和心率没有发现显著影响
Z. Zamanian 等（2010）	某燃气电厂员工	0.087 μT	心理情绪	对精神障碍患病率有影响
Edwin van Wijngaarden（2000）等	138 905 名男性电力公司工人	低频电磁场 536 名自杀者和 5 348 名合格对照	自杀行为	电工 *OR*（2.18；95% *CI* = 1.25 ～ 3.80）线路工人 *OR*（1.59；95% *CI* = 1.18 ～ 2.14）而电厂操作工（0.67；95% *CI* = 0.33 ～ 1.40）
魏伟（2009）	广州市工频电磁场作业人员	50 Hz 工频电磁场	生命质量调查	结果提示工频电磁场对人群生命质量可能没有影响
人群其他研究				
M. Vojtisek 等（2009）	大脑	EMF	金属离子和电磁场联合作用	讨论了金属离子和电磁场在肿瘤形成中的潜在联合作用
Roberta Benfante 等（2008）	人类神经元模式	50 Hz 电磁场	基因表达、蛋白质	自发神经系统和含有儿茶酚胺系统的重要组成转录物（transcript）和蛋白质等级都没有改变
动物实验研究（对认知功能和行为的）				
董娟（2007）	大鼠	频率 15 Hz、平均场强 0.1 mT 脉冲磁场辐射，45 min/次，1 次/d，连续 30 d	学习记忆能力，形态学变化，脑电节律的变化	低频脉冲磁场可导致大鼠皮质神经元凋亡及其他超微结构改变；可抑制体外培养的胎鼠皮质神经元生长并可导致其代谢异常、胞浆内游离 Ca^{2+} 浓度升高及线粒体膜电位降低
T. T Liu 等（2008）	成年 SD 大鼠	ELF-MFs，非暴露组，MF 暴露 1 h/d 或 4 h/d，25 d	焦虑相关行为	结果指出慢性 ELF-MFs 暴露对大鼠有促焦虑作用，这取决于日暴露时间，而且对空隙空间的敏感性强于强光灯

续表 2 – 1

参考文献	研究对象	暴露条件及时间	研究指标	研究结果
T. T. Liu 等（2010）	大鼠	50 Hz 正弦交变磁场，2 mT。对照组，MF 1 h 组及 MF 4 h 组	大鼠神经行为	低频磁场暴露对大鼠有产生焦虑的作用，这种影响取决于每日暴露的时间
B. Janac 等（2005）	大鼠	50 Hz，0.5 mT，7 d	自发运动和安非他明诱导的刻板活动	由于暴露的时间进程和大脑中的调解系统不平衡，低频电磁场可能影响两种不同类型的行为
Y. Lei 等（2005）	大鼠	20 Hz、1.80 mT，50 Hz、2.20 mT 和对照组，60 min/d，12 d	条件性位置偏好	电磁场暴露可能使啮齿类动物的吗啡诱导位置偏好行为发生，这表明低频电磁场能增强吗啡诱导的条件性行为倾向
Z. Prolic 等（2005）	大鼠	50 Hz，0.5 mT，7 d	大鼠的自发活动情况	与对照组相比，低频电磁场暴露并没有改变大鼠在开放领域的自发活动
Mario Vázquez-Garcí 等（2004）	成年雄性大白鼠和同种幼鼠	60 Hz、1 mT、2 h、9 d	社会性行为，短期记忆	ELF-EMF 提高了大鼠的再认记忆
Jungdae Kim 等（2004）	小鼠	2，3，4，8，10，15，25，60（Hz）强度 20 G（2 mT），急性照射	注射可卡因后各种行为的发生情况	在 4 Hz 磁场中的暴露组两种行为（停止暴跳和阵挛）与其他频率的暴露组有显著差异
E. Choleris 等（2001）	小鼠（33～35 g）	开场实验暴露组（脉冲电磁场，0.9 s，0～500 Hz，100 μT_{pk}）和虚拟暴露（对照）组（BH = 11.6 μT，BV = 50.0 μT，BT = 51.3 μT and 60 Hz < 0.2 μT RMS）	小鼠开场实验的行为学评价	得出开场试验的一个详细行为学分析不仅考虑药物和类焦虑行为的非药理组织（如脉冲磁场）的特殊作用的检测，而且允许对不明显作用进行检测，尤其是对于普通行为

续表 2－1

参考文献	研究对象	暴露条件及时间	研究指标	研究结果
动物实验研究（脑组织及神经元内物质的改变）				
A. Jelenkovic 等（2005）	大鼠	50 Hz 磁场，0.5 mT	大脑区域还原型谷胱甘肽含量	连续单独暴露于低频磁场或与 D－苯丙胺和联合作用都影响了大鼠大脑区域还原型谷胱甘肽含量。低频电磁场暴露使大鼠脑皮质谷胱甘肽含量下降，但在给予安非他明后即可恢复
金焕荣等（2005）	大鼠	实验组 12 Hz，0.19 mT，8 h/d，连续 15 d，对照组不进行电磁场暴露	全血及脑组织中还原型谷胱甘肽含量及谷胱甘肽过氧化物酶活力的测定	暴露组 MDA 含量降低，GSH 含量和 SOD 活力明显增加，提示频率为 12 Hz、强度为 0.19 mT 的低频电磁场可能具有增加抗氧化酶活力，使大鼠脑组织抗氧化能力增强的作用
A. Sieron 等（2004）	24 只雄性白化 Wistar 大鼠	10 Hz 正弦交变磁场，磁场强度 1.8～3.8 mT，连续暴露 14 d，1 h/d	纹状体及前额叶 5-HT 及其代谢产物 5-HIAA、NA 和 DA 及其代谢产物 DOPAC、HVA、3-MT 的水平	内源性 5-HT 和 DA 及其代谢产物的水平无明显改变，前额叶的 5-HT 和 DA 含量及合成率增高，纹状体的 5-HT 和 DA 含量无明显改变
A. Jelenkovic 等（2006）	大鼠的大脑	50 Hz 磁场，0.5 mT、7 d	超氧化物歧化酶活性和超氧自由基的产量，脂质过氧化产物，一氧化氮	由于脂质过氧化的发展，为期 7 d 的低频磁场暴露对大脑可能是有害的，特别是对基底前脑和额叶皮层
刘鼕等（2001）	小鼠	50 Hz，4 mT	脑组织 SOD 活力和 MDA 含量以及血液白细胞总数和分类的变化	50 Hz 电磁场可加剧脑组织的脂质过氧化，改变血液白细胞组分的计数；这些变化与磁场暴露的持续时间相关，类似于一种应激效应

续表 2 - 1

参考文献	研究对象	暴露条件及时间	研究指标	研究结果
C. Aldinucci 等（2009）	大鼠	50 Hz，2 mT 磁场，2 h	突触体的生理表现	EMF 暴露不影响皮质突触体的生理表现
L. Strasak 等（2009）	大鼠	50 Hz 电磁场，2 mT，4 d	大脑蛋白质 c-Fos 和 c-Jun	c-Fos 不受影响，c-Jun 下降
喻云梅等（2003）	小鼠	50 Hz，0.2 mT 及 50 Hz，6.0 mT，持续 2 w 或 4 w	脑和肝脏 c-Fos mRNA 水平	50 Hz 电磁场暴露引起小鼠脑和肝脏 c-Fos 基因转录水平明显上调
苏海峰（2010）	海马神经元	48 h 长时间（0.1 mT、0.5 mT 和 1.0 mT）和短时高强度（10 mT，20 mT）	胞质内活性氧自由基（ROS）和胞内 Ca^{2+} 浓度的变化	暴露于 0.1 mT、0.5 mT 和 1.0 mT 48 h 电磁场海马神经元的 ROS 水平和 Ca^{2+} 浓度有显著性提高。暴露于 1 mT、10 mT 和 20 mT 短时间电磁场海马神经元的 ROS 水平和 Ca^{2+} 浓度有显著性提高，并且在时域图上观察到在电磁场施加瞬间 ROS 水平和 Ca^{2+} 浓度的变化
动物实验研究（神经元的改变）				
M. Z. Akdag 等（2010）	大鼠	ELF-MF 职业暴露强度 100 μT 和 500 μT，2 h/d，10 个月	大脑细胞凋亡和氧化应激	细胞凋亡和 MPO 无显著差异。CAT 活动下降、TAC 下降、MDA、TOS、OSI 上升，100 μT 和 500 μT 暴露诱导大鼠通过大脑毒素作用增加和减少抗氧化剂氧化应激的防御系统
R. Piacentini 等（2008）	大鼠	50 Hz 电磁场，1 mT	神经细胞的分化	神经分化的量显著下降
Bruna Cuccurazzu 等（2010）	C57BL/6 鼠	50 Hz 电磁场，1 mT	成熟的海马神经再生	ELF-EFs 可以增强体内的神经发育，而且这可以促进在再生医学方面新治疗方法的发展
S. Di Loreto 等（2009）	大鼠	50 Hz 磁场，0.1～1 mT	大脑神经元成熟抗氧化细胞保护酶和非酶系统	影响细胞活力，减少大鼠神经元凋亡

续表 2－1

参考文献	研究对象	暴露条件及时间	研究指标	研究结果
L. Zhao 等（2003）	大鼠局灶性左脑皮质挫伤模型	15 Hz 正弦波电磁场，18 mT，暴露 3 d 和 8 d	神经元病理学改变	暴露组的炎症反应程度和神经损伤程度明显轻于对照组，在远离大脑损伤部位，神经元形态发生改变，暴露组中数目更多，提示电磁场可以缓解脑损伤反应
Poulletier de Gannes 等（2009）	SOD-1 小鼠	50 Hz、RMS 100 μT 和 1 000 μT、7 w	职业接触电磁场与 ALS	没有证据证明有关联
			电场方面研究	
王琦等（2003）	大鼠	实验组：场强 200 kV/m，间隔时间 20 s 脉冲 200 次，对照组为 0 次	阳性只数，光斑总面积，最大光斑平均面积	EMR 可致 BBB 损伤（血管通透性增强），但随着时间的延长，血管通透性又逐步降低，辐照 6 h 后，血管通透性基本恢复正常
李玉红等（2006）	大鼠	照射组：6×10^4 V/m，分别照射 1 h、6 h、12 h、24 h、3 d、7 d，对照组不照射	脑组织 BDNF 和 NCAM 的表达	BDNF 和 NCAM 的表达均于照后 1 h 开始升高，6 h 达高峰。电磁脉冲照射后早期，BDNF 和 NCAM 的上调可能介导了突触可塑性的正向改变
赵梅兰等（2002）	乳鼠体外原代培养的皮层神经元	电场场强 6×10^4 V/m，照射 1 h、6 h、12 h、24 h、48 h	神经细胞活性和凋亡细胞的比例以及形态学的改变	推断电磁脉冲辐射后早期可导致神经细胞凋亡和坏死，此改变可能与电磁脉冲致细胞 DNA 损伤有关
王琦等（2006）	大鼠	照射组 200 kV/m，脉冲 200 次，对照组 200 kV/m，脉冲 0 次	大鼠海马、边缘区的超微结构	电磁辐射照射可损伤大鼠海马、边缘区神经元、神经胶质细胞、毛细血管内皮细胞，对毛细血管损伤的近期效应是可逆的
			综述 Meta 分析	
A. Barth 等（2010）	文献	所有文献均为 50 Hz 磁场暴露，共 17 篇文献，入选 9 篇	认知功能	几乎没有证据表明 ELF-MFs 对认知功能有任何影响

第三节　低频电磁场对心血管系统的影响

ICNIRP、ACGIH及日本在制定低频电磁场职业接触限值时，认同当低频磁场诱导体内电流密度≤10 mA/m^2 时，不支持产生强的有害效应；当感应电流密度超过100 mA/m^2、达到几百 mA/m^2 时，就会超过神经和神经肌肉刺激阈值；如果电流密度超过1 A/m^2，则会严重威胁生命安全，出现心跳加速、心室纤颤、肌肉强直以及呼吸困难等症状。由此可见，心血管系统是电磁辐射的重要靶器官。电磁场对人的心血管功能有不良影响，主要表现为对心血管电生理活动的影响。

一、低频电磁场对心血管功能的影响

ICNIRP（Cook，1992；Graham，1994）对志愿者研究的综述表明：暴露于60 Hz电场和磁场（9 kV/m ～1. 20 T）组合场的志愿者的心脏功能出现了微小变化，休息状态下的心律在暴露过程中或者暴露之后会发生轻微但是有意义的降低（心跳每分钟减少3 ～5 次）。Bortkiewicz等（2006）对变电站工人的研究表明，50 Hz电磁场职业暴露会影响心血管系统的植物神经调节。Graham等（1987）对暴露于不同强度60 Hz低频电磁场（6 kV/m、10 μT，9 kV/m、20 μT和12 kV/m、30 μT）6 h的54名男性志愿者的心率进行了研究，发现9 kV/m、20 μT组受试者心率减慢，其他两组没有变化。刘文魁等（1993）对长期生活在5 ～8 V/m低场强电磁环境中的青少年的观察结果显示，神衰症候群的检出率、窦性心动过速检出率、舒张压升高、血清中T3和T4含量降低以及脑血流图的改变与对照组比较有显著性差异。邓爱文等（2004）观察115名暴露于220 V、50 Hz高压交变电磁场，40 min/d，共30 ～50 d的脑卒中住院患者，检测其治疗前后血清脂蛋白及其亚组分，研究表明高压交变电磁场能改善脂蛋白代谢，改变血液流变学性质，提高脑卒中患者ADL能力及功能独立性，对脑血管疾病有明显的防治作用。

而另一些研究则不支持低频电磁场暴露和心血管疾病之间有关联。Schuhfried等（2005）对12名健康受试者分低剂量组（100 μT、30 Hz）、高剂量组（8. 4 mT、10 Hz）及对照组进行了研究，结果表明脉冲低频电磁场并没有提高正常人的脚的温度或促进其皮肤微循环。Charles Graham等（2000）对平均年龄21岁的24位健康男性志愿者（志愿者规律地睡眠及饮食，未服用药物）暴露在强烈的低频电磁场（127. 3 μT）中，也没有发现改变心脏自律控制。Annar等（2009）对暴露于不同强度（≤0. 15 μT，0. 15 ～<0. 20 μT，0. 20 ～<0. 30 μT，≥0. 30 μT）的职业人群进行了研究，结果相对于对照组（暴露剂量≤0. 15 μT），低水平、中水平及高水平暴露组并没有显著地增加心血管疾病死亡率的危险。

二、低频电磁场对心血管电生理活动的影响

Bortkiewicz 等（2006）测试了 63 名 22 ～67 岁长期处于 PF-EMFs 环境下的人员，认为 EMFs 能够影响心血管系统的植物神经调节功能，且与辐照强度水平正相关。Savitz 等（1999）对电力工人的研究表明长期工频电磁场的暴露可以引起心律失常和急性心肌梗塞死亡率上升，但对动脉粥样硬化和急性、慢性冠心病没有影响。莫琴友等（2004）对工频高压电作业场所作业人员 476 名、间接接触组 198 名和对照组 178 名的临床检查和心电图检查发现，输变电系统的工人及对照组的心电图有显著差异，主要表现为传导阻滞、心电轴偏及节律异常。李振杰等（2001）对某导航台［2.2 m 平长波，连续波中心频率为 100 kHz、电场强度有效值为 112 ～ 1790 V/m（峰值 E_P = 1 030 ～ 11 175 V/m）］脉冲电磁波发射台的工作人员进行 3 年动态观察，职业组 42 人（18 ～ 36 岁），对照组 31 人（18 ～39 岁），研究发现心功能指标心室射血时间（ventricular ejection fractions，VET）较对照组明显延长（$P<0.05$），心血量（cardiac output，CO）、每搏量（stroke volume，SV）、心脏指数（cardiac index，CI）、每搏指数（SI）均优于对照组（$P<0.05$ 或 $P<0.01$）；ECG 检查发现第一年 P－R 间期较对照组明显延长，心率（HR）下降，血压（包括收缩压和舒张压）均低于对照组，后两年均无变化。

然而，Röösli 等（2008）的队列研究结果认为 ELF-EMF 与心血管疾病死亡率之间存在联系，研究显示接触电磁场不会增加急性心肌梗死或心律失常的发生。Sait 等（2006）实验证实 50 Hz 电磁场对人类心率不造成影响，这样的结果不支持以往心动过速的观念。Mezei 等（2005）通过尸检及其他相关信息进行了美国 1986—1993 年间国内疾病死亡率回顾调查（NMFS），分析是否从业于磁场环境的人心血管疾病死亡率的风险更大，结果是脑血管病（cerebrovascular disease，CVD）的死亡率与磁场环境并无明确相关性。

三、其他影响：机制研究

Buchachenko（2006）的观点认为电磁场的影响与 ATP 酶有关，ATP 作为主要的能源物质广泛地存在心肌及各种组织当中，线粒体内 ATP 的产生有赖于磷酸肌酸激酶和 ATP 酶内的镁原子核的自旋和 Mg^{2+} 离子瞬间磁场变化。外部电磁场可以通过控制和影响离子自旋方式从而控制 ATP 的合成。

热休克蛋白（heat shock protein，HSP）被认为对温度和应激条件最敏感，是机体在应激条件下合成的一种应激蛋白，在多种应激条件下都能够发挥保护作用，如缺血、缺氧、射线照射、重金属中毒等。Alfieri 等（2006）应用 50 Hz 电磁场辐照 24 h 后，血管内皮细胞热休克复制因子 1（heat shock factor Ⅰ，HSFⅠ）出现短暂激活，但是无论 HSP70 mRNA 水平还是 HSP70 合成均无明显改变，基因复制不受影响，辐射仅增加可诱导 HSP70 蛋白的堆积，其机理可能是通过提高其稳定性 HSP70 mRNA 翻译来达到。他认为 HSP 不因电磁辐射因素而有明显改变，说明虽然可能辐射后出现热效应而造成一定的分泌水平的改变，但不影响整体的结构及功能。

Goraca 等（2010）对暴露 40 Hz 的低频磁场对照组（无暴露）、低暴露组（7 mT、

30 min/d、14 d）、高暴露组（7 mT、60 min/d、14 d）21只雄性白鼠的氧化应激能力进行了研究，结果表明低频电磁场对心脏组织活性氧产生和血浆抗氧化能力的影响取决于暴露时间。Zubkova等（2000）对暴露于50 Hz、30 mT、3 min/d磁场的大鼠的研究表明，电磁场可促进大脑皮质、心肌和胸腺局部产生由动脉粥样硬化引起的脂质谱和血管舒缩性代谢紊乱的恢复和纠正，恒定磁场联合暴露不会产生降血脂效应，血管通透性的增加会加重病情。

四、小结

综上所述，我们看到以上电磁场对心血管系统方面的实验结果不一致，电磁辐射对心血管系统的效应有直接或间接作用，且结果各异，主要表现为植物神经功能紊乱综合征；可有心血管的功能性损伤表现为张力降低，以血管弹性改变为主；ECG有心率改变，S－T段降低，T波低平等心肌缺血表现；可影响心肌收缩功能等，或反之。

正如WHO在《低频场环境健康准则（EHC No. 238）》中对心血管疾病及血液系统中的总结那样：尽管有关各种心血管变化的文献报道，但是绝大部分影响是小的，且研究本身和各种研究之间的结果也不一致。同时，WHO《低频场环境健康准则（EHC No. 238）》还提到："不论短期和长期暴露的实验研究都表明：触电具有明显的健康危害，但在通常遇到的环境或职业暴露水平中，其他与低频场有关的有害的心血管影响是不大可能发生的。有一个例外，即所有关于心血管疾病发病率和死亡率的研究中，没有一项显示与暴露有关。在暴露和心脏自律控制改变之间是否存在特殊的关联，仍是推测性的。"总之，截至目前，证据不支持低频电磁场暴露和心血管疾病之间有关联。如表2－2所示。

表2－2　低频电磁场暴露对心血管系统的影响研究

参考文献	研究对象	暴露条件及时间	研究指标	研究结果
Bortkiewicz等（2006）	暴露组63名22～67岁的变电站工人，对照组42名20～68岁的工人	50 Hz电磁场	心血管系统的植物神经调节，心率变异性	暴露组相对对照组心率变异性的*OR*值为2.8
C. Graham等（1987）	54名男性志愿者	60 Hz（6 kV/m、10 μT），60 Hz（9 kV/m、20 μT）和60 Hz（12 kV/m、30 μT）低频电磁场3个暴露组，暴露时间为6 h	心率	结果表明，9 kV/m、20 μT组受试者心率减慢，其他2组没有变化
Charles Graham等（2000）	平均年龄21岁的24位健康男志愿者	分实验组（60 Hz、127.3 μT磁场）和对照组	心率变异性	暴露在强烈的低频磁场中，心率变异性未发生改变

续表 2－2

参考文献	研究对象	暴露条件及时间	研究指标	研究结果
Anna R. Cooper 等（2009）	职业人群	对照组≤0.15 μT、低暴露组（0.15～0.20 μT）、中暴露组（0.20～0.30 μT）、高暴露组≥0.30 μT	心血管疾病死亡率	相对于对照组，低暴露组、中暴露组、高暴露组，心血管疾病死亡率的危险性并没有显著性增加
Schuhfried 等（2005）	12 名健康受试者 7 男 5 女，平均年龄 25.8 岁	分低剂量组（100 μT、30 Hz）、高剂量组（8.4 mT、10 Hz）和对照组	皮肤微循环和脚的温度	低频磁场并没有使正常人脚的温度升高或促进其皮肤微循环
邓爱文等（2004）	115 名脑卒中住院患者，治疗组 55 名，对照组 60 名	暴露组（50 Hz、40 min/d，30～50 d）、对照组	暴露前后患者血清脂蛋白及其亚组分和血液流变学指标的变化	暴露后血清 TG、TC 总胆固醇、LDL 降低，HDL 浓度升高，降低了全血和血浆黏度
A. Goraca 等（2010）	21 只雄性大鼠	对照组、低暴露组（40 Hz、7 mT、30 min/d、14 d）高暴露组（40 Hz、7 mT、60 min/d、14 d）	心脏组织活性氧的产生和血浆抗氧化能力	高暴露组的硫代巴比妥酸反应物质和过氧化氢有增加，总游离巯基组和还原型谷胱甘肽有减少。另外，高暴露组也降低了血浆抗氧化能力
Zubkova 等（2000）	大鼠	50 Hz、30 mT、3 min/d	脂质谱和血管舒缩性代谢紊乱的恢复和纠正	可促进大脑皮质、心肌和胸腺局部由动脉粥样硬化引起的脂质谱和血管舒缩性代谢紊乱的恢复和纠正；和恒定磁场联合暴露不会产生降血脂效应，血管通透性的增加会加重病情

第四节　低频电磁场对内分泌系统的影响

有关低频电磁场对内分泌系统的生物学效应影响的研究一直是学术界争论的话题，特别是 Stevens 等（1987，1997）提出"褪黑激素假说"，认为电磁场可通过抑制哺乳动物松果体褪黑激素夜间的合成和分泌，而增加患乳腺癌的风险，产生一系列负性健康效应。由于内分泌系统对生物机体的重要调控作用，研究低频电磁场环境的环境暴露对机体激素分泌水平的影响，对评估低频电磁场暴露风险和对生物学效应的综合影响有重要意义。目前，无论是动物实验研究还是基于人群的流行病学调查，都主要集中在低频电磁场对褪黑激素水平影响的研究上，有关其他激素影响的报道较少。虽然有研究表明低频电磁场会抑制人和啮齿类动物松果体褪黑激素夜间合成和分泌水平，但是也有相当一部分研究得出了相反的结论，对褪黑激素水平在何种电磁场条件作用下被抑制也无定论，其影响机制也有待进一步研究。

一、低频电磁场对褪黑激素的影响

褪黑激素是松果体在生理条件下，夜间合成和分泌的一种甲氧吲哚类神经内分泌激素，化学名 N－乙酰基－5－甲氧基色胺，具有光敏感性和分泌昼夜规律性，其分泌节律由视交叉上核团根据昼夜节律和光照变化来控制。褪黑素最早是由皮肤科医生 Aaron Lemer 于 1958 年从牛松果体中发现并提取出来，因可使青蛙皮肤褪色而得名。褪黑激素具有高脂溶性和水溶性，可通过细胞膜，广泛存在于不同的体液（唾液、尿液、脑脊液、精液、羊水和乳液）、组织和细胞亚单位。血浆中的褪黑激素可以明确反映松果体的分泌情况。肝脏是褪黑激素的主要代谢器官，能清除 90% 以上的循环褪黑素。在肝脏微粒体羟化酶催化下可生成 6－羟基褪黑激素，由尿液排出，其水平与血浆褪黑素水平基本平行。研究表明，褪黑激素具有广泛的生物学作用，参与调节昼夜觉醒状态及生物节律、性腺功能稳定、免疫功能调节、清除自由基、抗氧化、保护 DNA、抗炎、防衰老、神经内分泌调节等，在维持神经系统正常活动、预防心血管系统疾病、肿瘤及其他器官的功能紊乱等方面，褪黑激素也起着重要作用。

自从 Stevens 等（1987，1997）提出"褪黑激素假说"，关于电磁场暴露对松果体褪黑激素合成和分泌水平影响的观察性研究和试验性研究越来越多。"褪黑激素假说"提示了电磁场环境的暴露可通过抑制人及啮齿类实验动物松果体褪黑激素夜间的合成和分泌，而增加患乳腺癌的风险，并且产生一系列负性健康效应。目前有关电磁辐射与疾病（如乳腺癌、白血病、阿尔茨海默病、抑郁症等）关系的研究，大部分都将褪黑激素的水平改变作为联系两者的桥梁。但是，无论是基于啮齿动物的还是基于人群的研究，其结论都不尽相同，对于褪黑激素水平在何种电磁场条件作用下被抑制也无定论，其具体机制更待进一步研究。

1. 流行病学研究

目前，有关低频电磁场对松果体合成和分泌褪黑激素影响的动物研究，多是使用啮齿类动物，而啮齿类动物昼伏夜出的习性特点和人类正常情况有很大不同，并不能直接推断出针对人群的结论。在研究低频电磁场对人的影响时，由于伦理学和试验条件及可操作性的限制，长时间暴露的随机对照试验难以进行，因此国外的研究多采用短期暴露的试验性研究方法和职业或居住条件暴露的观察性研究方法。研究指标为松果体、血浆褪黑激素浓度和（或）尿液中6－羟基褪黑激素浓度，并且考虑到了性别、年龄、季节和光照时间等混杂因素。无论是何种方法，依然没有形成统一的结论。有关短期暴露试验性研究的情况如表2－3所示，有关职业或居住条件暴露的长期观察性研究情况如表2－4所示。

表2－3 低频电磁场暴露对人松果体褪黑激素夜间合成和分泌的影响（短期暴露试验性研究）

参考文献	研究对象	暴露条件及时间	研究指标	研究结果
Wilson等（1990）	42名志愿者，其中女性32人，男性10人，自身对照	使用电热毯，60 Hz、8 w，美国华盛顿，冬季	尿液6－羟基褪黑激素浓度	总体没有影响，但是有7名使用者（平均磁场强度0.42 μT）的尿液6－羟基褪黑激素浓度的降低有统计学意义
Selmaoui等（1996）	试验组与对照组各16名男性志愿者，年龄20～30岁	50 Hz，线性磁场，磁场强度10 μT，连续/间歇性暴露，9 h急性暴露，法国巴黎，春季	血浆褪黑激素浓度和尿液6－羟基褪黑激素浓度	血浆褪黑激素浓度和尿液6－羟基褪黑激素浓度都未见影响
Akerstedt等（1997）	18名志愿者，年龄24～49岁	50 Hz，连续性线性磁场，磁场强度1 μT，8 h急性暴露	血浆褪黑激素浓度	血浆褪黑激素浓度未见影响
Wood等（1998）	30名成年男性，18～49岁，自身对照	50 Hz，环形磁场，磁场强度20 μT，3个连续周五夜晚/周六早上	血浆褪黑激素浓度	血浆褪黑激素浓度降低，方波比正弦波效果明显，且暴露一定时间可使松果体夜间分泌褪黑激素高峰延迟
Graham等（1996）	男性志愿者，高剂量暴露组、低剂量暴露组和对照组各11人，年龄19～34岁	60 Hz，间歇性环形磁场，高剂量组磁场强度20 μT，低剂量组磁场强度1 μT，8 h急性暴露，美国密苏里	血浆褪黑激素浓度	血浆褪黑激素浓度未见影响
Graham等（1996）	40名男性志愿者，年龄18～35岁	60 Hz，连续性环形磁场，磁场强度20 μT，8 h急性暴露，美国密苏里	血浆褪黑激素浓度	血浆褪黑激素浓度未见影响

续表 2－3

参考文献	研究对象	暴露条件及时间	研究指标	研究结果
Graham 等（2000）	30 名成年男性，18～35 岁，平均年龄 22 岁，自身对照	60 Hz，环形磁场，磁场强度 28.3 μT，连续 4 个夜晚，美国密苏里，春季/夏季	尿液褪黑激素和 6－羟基褪黑激素浓度	尿液褪黑激素浓度和 6－羟基褪黑激素浓度都未见影响
Graham 等（2001）	22 名男性和 24 名女性志愿者，年龄 40～60 岁	60 Hz，环形磁场，平均磁场强度 28.3 μT，8 h/d，4 d	尿液褪黑激素和 6－羟基褪黑激素浓度	尿液褪黑激素浓度和 6－羟基褪黑激素浓度都未见影响
Graham 等（2001）	24 名男性志愿者，年龄 19～34 岁，自身对照	60 Hz，环形磁场，平均磁场强度 127.3 μT，8 h	尿液褪黑激素和 6－羟基褪黑激素浓度	尿液褪黑激素浓度和 6－羟基褪黑激素浓度都未见影响
Karasek 等（1998）	12 名男性下背部疼痛症患者	40 Hz，磁场强度 2.9 mT，两极方波，20 min/d，5 d/w，3 w	血浆褪黑激素浓度	血浆褪黑激素浓度降低
Karasek 等（2000）	7 名男性下背部疼痛症患者	200 Hz，磁场强度 25～80 μT，暴露 3 周，每周 5 d，每天 2 次，每次 8 min	血浆褪黑激素浓度	血浆褪黑激素浓度未见影响
Crasson 等（2001）	21 名男性志愿者，年龄 20～27 岁	50 Hz，连续性/间歇性环形磁场，磁场强度 100 μT，急性暴露，30 min/次，13:30 和 16:30	血浆褪黑激素浓度和尿液 6－羟基褪黑激素浓度	血浆褪黑激素浓度和尿液 6－羟基褪黑激素浓度都未见影响
Warman 等（2003）	19 名男性，年龄 18～35 岁	50 Hz，环形磁场，磁场强度 200～300 μT，急性暴露 2 h	夜间褪黑激素分泌情况（峰值及到达峰值时间）	夜间褪黑激素分泌未见影响
S. C. Hong 等（2001）	9 名男性志愿者，年龄 23～37 岁	夜晚使用电热毯，50 Hz，头部磁场强度 0.7 μT，腰部磁场强度 8.3 μT，脚部磁场强度 3.5 μT，总共 16 w，其中前 3 w 预暴露，11 w 暴露，后 2 w 暴露后观察	尿液 6－羟基褪黑激素浓度	尿液 6－羟基褪黑激素浓度都未见影响
Griefahn 等（2002）	7 名健康男性，16～22 岁	16.7 Hz，磁场强度 0.2 mT，暴露 8 h	唾液褪黑激素水平	唾液褪黑激素浓度未见影响

表2-4　低频电磁场暴露对人松果体褪黑激素夜间合成和分泌的影响（长期观察性研究）

参考文献	研究对象	暴露条件及时间	研究指标	研究结果
Pfluger 和 Minder 等（1996）	男性，66 名电气铁路工程师，42 名对照人员，各组都轮班	50 Hz，电气铁路线路暴露，最大暴露平均磁场强度 20 μT，最小暴露平均磁场强度 1 μT，瑞士，秋季	尿液 6-羟基褪黑激素浓度	日间尿液 6-羟基褪黑激素浓度降低，但是夜间尿液 6-羟基褪黑激素浓度未见影响
Burch 等（1998）	142 名男性，20 ～ 60 岁，平均年龄 41 岁，其中 29 名作业工人、56 名配电工、57 名对照	60 Hz，电力工人，作业工人最高平均磁场强度 0.22 μT，美国科罗拉多	清晨尿液 6-羟基褪黑激素浓度	尿液 6-羟基褪黑激素浓度降低
Burch 等（1999）	142 名男性，20 ～ 60 岁，平均年龄 41 岁，其中 29 名作业工人、56 名配电工、57 名对照	60 Hz，电力工人，平均磁场强度 > 0.135 μT，美国科罗拉多	清晨尿液 6-羟基褪黑激素浓度	暴露的第二和第三天尿液 6-羟基褪黑激素浓度降低
Burch 等（2000）	149 名男性，平均年龄 44 岁，其中 50 名作业工人、60 名配电工、39 名对照	60 Hz，变电站，环形磁场，平均磁场强度 0.04 ～ 0.27 μT，暴露 ≥ 2 h，美国科罗拉多	清晨尿液 6-羟基褪黑激素浓度	尿液 6-羟基褪黑激素浓度降低
Kaune 等（1997）	203 名女性，20 ～ 74 岁	60 Hz，夜间居住暴露	尿液 6-羟基褪黑激素浓度	尿液 6-羟基褪黑激素浓度降低，若服用药物，降低作用明显，夏季降低作用明显
Davis 等（2001）	203 名女性，20 ～ 70 岁	60 Hz，夜间居住暴露，平均磁场强度 < 0.2 μT，中位数 0.039 μT，美国华盛顿	尿液 6-羟基褪黑激素浓度	尿液 6-羟基褪黑激素浓度降低
Kumlin 等（1997）	60 名女性，其中 31 名制衣工人，8 名工厂工人，21 名对照，平均年龄 43.5 岁	50 Hz，职业暴露，31 名制衣工人中 21 人的暴露磁场强度 < 1 μT，10 人的暴露磁场强度 < 1 μT	尿液 6-羟基褪黑激素浓度	尿液 6-羟基褪黑激素浓度未见影响
Juutilainen 等（2000）	60 名女性，其中 39 名制衣工人，平均年龄 44 岁，21 名对照，平均年龄 43 岁	50 Hz，电动缝纫机工人，眼部暴露水平 < 1 μT，芬兰，春季	尿液 6-羟基褪黑激素浓度	尿液 6-羟基褪黑激素浓度降低

续表 2－4

参考文献	研究对象	暴露条件及时间	研究指标	研究结果
Levallois 等（2001）	女性，暴露组 221 人，平均年龄 45.5 岁，对照组 195 人，平均年龄 45.8 岁，暴露组与 735 kV 高压线距离 < 150 m，对照组距离 >400 m	60 Hz，暴露的第一和第四四分位数：< 0.13 μT、≥0.37 μT，< 4.7 V/m、≥12.2 V/m，加拿大魁北克，1998 年 2～12 月	尿液 6－羟基褪黑激素浓度	尿液 6－羟基褪黑激素浓度降低
Touitou 等（2003）	暴露组 15 名男性，31.5～46 岁，对照组 15 名男性，34.5～47 岁	50 Hz，职业或居住近高压变电站人群，暴露组磁场强度为 0.1～2.6 μT，对照组磁场强度为 0.004～0.092 μT，法国巴黎，秋季	血浆褪黑激素浓度和尿液 6－羟基褪黑激素浓度	血浆褪黑激素浓度和尿液 6－羟基褪黑激素浓度未见影响
Gobba 等（2006）	59 名职业暴露工人	50 Hz，职业暴露，低暴露组磁场强度≤职业暴露，高暴露组磁场强度 >0.2 μT	尿液 6－羟基褪黑激素浓度	尿液 6－羟基褪黑激素浓度未见影响

2. 实验室研究

国外学者使用多种动物包括大鼠、仓鼠、绵羊、狒狒等来进行试验研究，观察其在不同低频电磁场暴露条件和暴露时间下的松果体、血浆褪黑激素水平和（或）尿液中 6－羟基褪黑激素水平的变化情况，但是没有得到趋于统一的结论，因而尚且不能排除低频电磁场暴露影响松果体褪黑激素夜间合成和分泌的可能性。研究中涉及的电磁场暴露条件包括暴露频率、电场强度、磁场强度、磁场极性方向和电磁场稳态性，暴露的时间也从 15 分钟至三个月不等。研究情况如表 2－5 所示。

表 2－5　低频电磁场暴露对动物松果体褪黑激素夜间合成和分泌的影响

参考文献	研究对象	暴露条件及时间	研究指标	研究结果
Wilson 等（1981）	大鼠	60 Hz，电场强度 65 kV/m，30 d	松果体褪黑激素浓度	松果体分泌褪黑激素抑制
Kato 等（1993）	Wistar-King 大鼠	50 Hz，环形磁场，磁场强度 1 μT、5 μT、50 μT、250 μT，6 w	松果体和血浆褪黑激素浓度	血浆褪黑激素浓度降低，松果体分泌抑制
Kato 等（1994）	Wistar-King 大鼠	50 Hz，水平/垂直磁场，磁场强度 1 μT，6 w	松果体和血浆褪黑激素浓度	松果体和血浆褪黑激素浓度未见影响
	Long-Evans 大鼠	50 Hz，环形磁场，磁场强度 0.02 μT、1 μT，6 w	松果体和血浆褪黑激素浓度	血浆褪黑激素浓度降低，松果体分泌抑制

续表 2－5

参考文献	研究对象	暴露条件及时间	研究指标	研究结果
Kato 等（1997）	Wistar-King 大鼠	50 Hz，环形磁场，磁场强度大于 1.4 μT，6 w	松果体和血浆褪黑激素浓度	血浆褪黑激素浓度降低，松果体分泌抑制
Bakos 等（1995）	Wistar 大鼠	50 Hz，垂直磁场，5 μT/500 μT，24 h	尿液 6－羟基褪黑激素浓度	尿液 6－羟基褪黑激素浓度未见影响
Selmaoui，Touitou（1995）	Wistar 大鼠	50 Hz，磁场强度 1 μT/10 μT/100 μT，12 h	血浆褪黑激素浓度	磁场强度 1 μT 和 10 μT 时，血浆褪黑激素浓度未见影响；磁场强度 100 μT 时，血浆褪黑激素浓度降低
Selmaoui，Touitou（1995）	Wistar 大鼠	50 Hz，磁场强度 1 μT/10 μT/100 μT，18 h/d，30 d	血浆褪黑激素浓度	磁场强度 1 μT 时，血浆褪黑激素浓度未见影响；磁场强度 10 μT 和 100 μT 时，血浆褪黑激素浓度降低
Yellon（1994）	Djungarian 仓鼠	60 Hz，磁场强度 100 μT，15 min	松果体和血浆褪黑激素浓度	血浆褪黑激素浓度降低，松果体分泌抑制
Yellon 等（1998）	Siberian 仓鼠	60 Hz，磁场强度 100 μT，15 min	松果体和血浆褪黑激素浓度	松果体和血浆褪黑激素浓度未见影响
Yellon Truong 等（1998）	Siberian 仓鼠	60 Hz，磁场强度 100 μT，24 h/d，14 d 或 21 d	松果体和血浆褪黑激素浓度	松果体和血浆褪黑激素浓度未见影响
Wilson 等（1999）	Siberian 仓鼠	60 Hz，水平磁场，磁场强度 50 μT/100 μT，15 min	松果体褪黑激素浓度	磁场强度 50 μT 时，松果体褪黑激素浓度未见影响；磁场强度 100 μT 时，松果体褪黑激素浓度降低
Wilson 等（1999）	Siberian 仓鼠	60 Hz，水平磁场，磁场强度 100 μT，间断性暴露 1 h/d，16 d 或稳定暴露 3 h/d，42 d	松果体褪黑激素浓度	间断性暴露时，松果体褪黑激素浓度降低；稳定暴露时，松果体褪黑激素浓度未见影响
Brendel 等（2000）	Djungarian 仓鼠，离体的松果体	50 Hz 或 $16^{2/3}$ Hz，磁场强度 86 μT，8 h	松果体褪黑激素浓度	松果体褪黑激素浓度降低

续表 2 - 5

参考文献	研究对象	暴露条件及时间	研究指标	研究结果
de Bruyn 等（2001）	雄性小鼠	50 Hz，磁场强度 0.5 ～77 μT，平均磁场强度 2.75 μT，每天暴露 24 h，从怀孕开始至成年结束	夜间血浆褪黑激素浓度	血浆褪黑激素浓度未见影响
Kumlin 等（2005）	BALB/c x DBA/2 小鼠	50 Hz、磁场强度 100 μT，暴露 52 d	夜间尿 6 - 羟基褪黑激素浓度	尿液 6 - 羟基褪黑激素浓度未见影响
Lee 等（1993）	Suffolk 绵羊	60 Hz，500 kV 输电线下，平均电场强度 6 kV/m，平均磁场强度 4 μT，暴露 8 个月	血浆褪黑激素浓度	血浆褪黑激素浓度未见影响
Rogers 等（1995）	狒狒	60 Hz，缓慢开关电磁场，6 kV/m、50 μT 或 30 kV/m、100 μT，暴露 6 w	血浆褪黑激素浓度	血浆褪黑激素浓度未见影响

也有一些研究是观察低频电磁场暴露条件下，离体的鼠类松果体细胞褪黑激素分泌水平，选用的磁场强度为 50 μT ～1 mT，暴露时间为 1 ～12 h，直接检测细胞分泌褪黑激素的量，或间接检测乙酰转移酶（N-acetyltransferase，NAT）（褪黑激素合成所需酶）或羟基吲哚氧位甲基移位酶（hydroxyindole O - methyl transferase，HIOMT）（促进褪黑激素甲基化和分泌的酶）的活性。类似于人群研究和动物实验，不同的研究亦得出不同的结论，实验情况如表 2 - 6 所示。

表 2 - 6　低频电磁场暴露对鼠类松果体细胞褪黑激素分泌及有关酶活性的影响

参考文献	研究对象	暴露条件及时间	研究指标	研究结果
Lerchl 等（1991）	大鼠松果体，日间摘取，应用去甲肾上腺素（NA）刺激	静磁场（磁场强度为 44 μT）和低频磁场（33.7 Hz、44 μT）混合磁场，2.5 h	NAT 活性，培养基中褪黑激素合成和释放水平	暴露后，NAT 活性，培养基中褪黑激素合成和释放水平均降低
Rosen 等（1998）	大鼠松果体，分离成细胞，应用 NA 刺激	60 Hz，磁场强度为 50 μT，暴露 12 h	褪黑激素释放水平	褪黑激素释放量减少
Chacon 等（2000）	大鼠松果体	50 Hz，磁场强度为 10 μT、100 μT、1 000 μT，暴露 1 h	NAT 活性	1 000 μT 磁场暴露条件下，NAT 活性降低，其他强度磁场未见影响

续表 2－6

参考文献	研究对象	暴露条件及时间	研究指标	研究结果
Brendel 等（2000）	Djungarian 仓鼠松果体，保存在流体中，应用异丙肾上腺素刺激	50 Hz 或 16.7 Hz，磁场强度 86 μT，暴露 8 h	褪黑激素释放水平	4 组实验中有 1 组，褪黑激素释放量降低
Tripp 等（2003）	大鼠松果体，保存在流体中，未用 NA 刺激	50 Hz，环形磁场，磁场强度 500 μT，暴露 4 h	褪黑激素释放水平	褪黑激素释放水平未见影响
Lewy 等（2003）	大鼠松果体，日间摘取，使用 NA 刺激	50 Hz，磁场强度 1 mT，暴露 4 h	褪黑激素释放水平	使用 NA 刺激，褪黑激素释放量增加；未用 NA 刺激，褪黑激素释放水平未见影响

二、低频电磁场对脑垂体激素的影响

作为机体最重要的内分泌腺，脑垂体是利用激素调节身体健康平衡的总开关，控制多种对代谢、生长、发育和生殖等有重要作用激素的分泌。研究低频电磁场对脑垂体分泌激素，如生长激素（growth hormone，GH）、促甲状腺激素（thyrotropin 或 thyroid stimulating hormone，TSH）、促肾上腺皮质激素（adrenocorticotropin，ACTH）、卵泡刺激素（follicle stimulating hormone，FSH）、黄体生成素（luteinizing hormone，LH）、催乳素（prolactin）、催产素（oxytocin）和抗利尿激素（antidiuretic hormone，ADH）等的影响，可以确定低频电磁场的健康效应。有关研究情况如表 2－7 所示。

表 2－7　低频电磁场暴露对脑垂体激素的影响

参考文献	研究对象	暴露条件及时间	研究指标	研究结果
Quinlan 等（1985）	Long-Evans 大鼠	60 Hz，100 kV/m，1～3 h	血清 TSH、催乳素和 GH 浓度	血清 TSH、催乳素浓度未见影响，GH 浓度升高（$P<0.1$）
Portet 等（1988）	大鼠和兔子	50 Hz，50 kV/m，4～8 w	血清 ACTH、GH 浓度	血清 ACTH、GH 浓度未见影响
Margonato 等（1993）	大鼠	50 Hz，25～100 kV/m，每天 8 h，连续 38 w	血清 FSH 和 LH 浓度	血清 FSH 和 LH 浓度未见影响
Wilson 等（1999）	Djungarian 仓鼠	60 Hz，100 μT，每天天黑前暴露 15 min 或 45 min，持续 16～42 d	血清催乳素浓度	血清催乳素浓度于天黑 4 h 后升高，仅见于短期暴露（15 min）

续表 2－7

参考文献	研究对象	暴露条件及时间	研究指标	研究结果
Al-Akhras MA 等（2006）	成年雄性 Sprague-Dawley 大鼠	50 Hz，正弦波电磁场，25 μT，18 w	血清 FSH 和 LH 浓度	血清 FSH 浓度未见改变，但血清 LH 浓度升高
Al-Akhras MA 等（2008）	成年雌性 Sprague-Dawley 大鼠	同上	血清 FSH 和 LH 浓度	血清 FSH 和 LH 浓度都显著降低
Maresh 等（1988）	男性志愿者	60 Hz，9 kV/m，20 μT，2 h	血清 GH 浓度	血清 GH 浓度未见改变
Selmaoui 等（1997）	年轻男性	50 Hz，10 μT，9 h（23:00～8:00）	夜间血清 TSH、FSH 和 LH 浓度	夜间血清 TSH、FSH 和 LH 浓度未见改变
Akerstedt 等（1999）	男性和女性志愿者	50 Hz，1 μT，夜间睡眠（24:00～8:00）	血清 GH 和催乳素浓度	血清 GH 和催乳素浓度未见改变
Kurokawa 等（2003）	男性志愿者	50 Hz，正弦波电磁场，20 μT，峰值 100 μT，夜间（20:00～8:00）	血清 GH 和催乳素浓度	血清 GH 和催乳素浓度未见改变
Karasek 等（2003）	使用低频电磁场治疗的下背痛患者	200 Hz，25～80 μT 及 40 Hz，2.9 mT 两种剂量，每天 20 min，15 d	血清 TSH 浓度	血清 TSH 浓度未见影响
Davis 等（2006）	女性志愿者，20～45 岁	60 Hz，高于环境 5～10 mG 电磁场连续 5 晚	血清 FSH 和 LH 浓度	血清 FSH 和 LH 浓度未见改变
Gamberale 等（1989）	400 kV 高压线路作业人员	50 Hz，2.8 kV/m，23.3 μT，每个工作日 4.5 h	日间血清 TSH、FSH、LH、催乳素浓度	日间血清 TSH、FSH、LH、催乳素浓度未见影响
Arnetz 等（1996）	视屏作业人	未知	早间和午间血清 ACTH 浓度	早间和午间血清 ACTH 浓度工作日时升高，休息日未见改变

1. 流行病学研究

基于志愿者的实验性研究，结果与动物实验相似。Maresh 等（1988）报道，男性志愿者暴露于电场强度 9 kV/m、磁场强度为 20 μT 的 60 Hz 电磁场 2 h，血清 GH 浓度未见改变。Selmaoui 等（1997）的研究显示，年轻男性持续或间歇性暴露于磁场强度 10 μT的 50 Hz 电磁场下 9 h（23:00 ～8:00），夜间血清 TSH、FSH 和 LH 浓度未见改变。Akerstedt 等（1999）报道男性和女性志愿者夜间睡眠（24:00 ～8:00）暴露于 1 μT 的 50 Hz 电磁场，其 GH 和催乳素浓度未见改变。Kurokawa 等（2003）报道，男性志愿者夜间（20:00 ～8:00），急性暴露于 50 Hz 正弦波电磁场，磁场强度 20 μT，峰值 100 μT 时，其 GH 和催乳素浓度未见改变。Karasek 等（2003）研究发现，下背痛患者使用低频电磁场治疗（200 Hz、25 ～80 μT 或 40 Hz、2. 9 mT 两种剂量），暴露 15 d，每天 20 min，其血清 TSH 浓度未见影响。Davis 等（2006）的研究发现，年龄 20 ～45 岁的女性志愿者暴露于高于环境 5 ～10 mG 的 60 Hz 电磁场连续 5 晚，其血清 FSH 和 LH 浓度未见改变。

基于职业暴露人群的观察性研究，其结论也不支持低频电磁场影响脑垂体激素的合成和分泌。Gamberale 等（1989）的调查显示，400 kV 高压线路作业人员，职业暴露 50 Hz 电磁场，电场强度为 2. 8 kV/m，磁场强度为 23. 3 μT，每天暴露约 4. 5 h，其日间血清 TSH、FSH、LH、催乳素浓度未见影响。Arnetz 等（1996）报道，视屏作业人员早间和午间血清 ACTH 浓度工作日时升高，休息日未见改变，但是该效应不排除其他因素引起。

2. 实验室研究

基于动物的研究，其结论多认为低频电磁场对垂体激素的水平没有影响，但是由于样本量及实验条件的限制，无论是阴性还是阳性结果，都需要进一步研究来验证。Quinlan 等（1985）报道，将 Long-Evans 大鼠持续或间歇性暴露于电场强度 100 kV/m 的 60 Hz 电场下 1 ～3 h，血清 TSH、催乳素浓度未见影响，GH 浓度升高（$P<0.1$）。Portet 等（1988）报道，将大鼠和兔子暴露于电场强度 50 kV/m 的 50 Hz 电场下 4 ～8 w，血清 ACTH、GH 浓度未见影响。Margonato 等（1993）的研究认为，大鼠暴露于电场强度为 25 ～100 kV/m 的 50 Hz 电磁场，连续暴露 38 w，每天 8 h，其血清 FSH 和 LH 浓度未见影响。Wilson 等（1999）研究发现，Djungarian 仓鼠连续或间断性暴露于 100 μT 的 60 Hz 电磁场，每天天黑前暴露 15 min 或 45 min，持续 16 ～42 d，其血清催乳素浓度于天黑 4 h 后升高，仅见于短期暴露（15 min）。Al-Akhras 等（2006，2008）报道，成年 Sprague-Dawley 大鼠暴露于 50 Hz 正弦波电磁场，磁场强度 25 mT，连续暴露 18 w，雄性大鼠血清 FSH 浓度未见改变，但暴露 18 w 后，其血清 LH 浓度升高，而雌性大鼠血清 FSH 和 LH 浓度都显著降低。

三、低频电磁场对其他激素的影响

在脑垂体下游，许多内分泌腺体受到脑垂体激素的调控，最主要的有脑垂体—甲状腺轴、脑垂体—肾上腺轴和脑垂体—性腺轴。低频电磁场对这类腺体分泌激素的影响，往往与其上游的脑垂体调控激素相关联。有关研究情况如表 2 －8 所示。

表 2－8　低频电磁场暴露对其他激素的影响

参考文献	研究对象	暴露条件及时间	研究指标	研究结果
Quinlan 等（1985）	Long-Evans 大鼠	60 Hz，100 kV/m，1～3 h	血清肾上腺皮质酮、甲状腺素（T3＋T4）和睾酮等激素水平	血清肾上腺皮质酮、甲状腺素（T3＋T4）和睾酮等激素水平未见影响
Portet 等（1988）	大鼠和兔子	50 Hz，50 kV/m，4～8 w		
Margonato 等（1993）	大鼠	50 Hz，25～100 kV/m，每天 8 h，连续 38 w		
De Bruyn 等（1994）	小鼠	60 Hz，10 kV/m，每天 22 h	血清肾上腺皮质酮浓度	日间血清肾上腺皮质酮浓度升高，夜间激素水平未见影响
Picazo 等（1996）	小鼠	50 Hz，15 μT	血清肾上腺皮质醇激素浓度	血清肾上腺皮质醇激素浓度日间节律性丧失，日间浓度下降，夜间浓度升高
J. M. Thompson 等（1995）	Suffolk 绵羊	60 Hz，500 kV 高压输电线路下，平均电场强度 6 kV/m，平均磁场强度 40 mG	血清肾上腺皮质醇激素和肾上腺皮质酮激素浓度	血清肾上腺皮质醇激素和肾上腺皮质酮激素浓度未见影响
J. F. Burchard 等（1996）	Holstein 奶牛	10 kV/m 垂直电场，30 μT 水平磁场，暴露 3 个阶段，各 28 d	黄体酮和肾上腺皮质醇激素浓度	黄体酮和肾上腺皮质醇激素浓度未见影响
Randa M. 等（2002）	大鼠	50 Hz，2G，1～4 w	血清肾上腺皮质酮浓度	血清肾上腺皮质酮明显升高
Farkhad 等（2007）	成年雄性豚鼠	5～50 Hz，0.013～0.207 μT 电磁场，每天 2 h，连续 5 d	血清睾酮水平	血清睾酮水平明显下降
Al-Akhras 等（2006）	成年雄性 Sprague-Dawley 大鼠	50 Hz，正弦波电磁场，25 μT，18 w	血清睾酮浓度	血清睾酮浓度在暴露 6～12 w 即明显降低
Al-Akhras 等（2008）	成年雌性 Sprague-Dawley 大鼠	同上	血清黄体酮和雌激素浓度	血清黄体酮和雌激素浓度显著降低

续表 2 - 8

参考文献	研究对象	暴露条件及时间	研究指标	研究结果
M. Aydin 等（2009）	大鼠	50 Hz，平均磁场强度 48.21 mG，1 ～3 个月	血清黄体酮和 17-β-雌二醇浓度	血清黄体酮和 17-β-雌二醇浓度未见影响
Anselmo 等（2009）	孕期大鼠	60 Hz，3 μT，每天 2 h	血清甲状腺激素（T3 + T4）浓度	与营养不良联合暴露，可引起血清甲状腺激素（T3 + T4）浓度降低
Maresh 等（1988）	男性志愿者	60 Hz，9 kV/m，20 μT，2 h	血清甲状腺激素、肾上腺皮质醇激素、睾酮和雌激素浓度	血清甲状腺激素、肾上腺皮质醇激素、睾酮和雌激素浓度未见改变
Selmaoui 等（1997）	年轻男性	50 Hz，10 μT，9 h（23:00 ～8:00）		
Akerstedt 等（1999）	男性和女性志愿者	50 Hz，1 μT，夜间睡眠（24:00～8:00）		
Kurokawa 等（2003）	男性志愿者	50 Hz，正弦波电磁场，20 μT，峰值 100 μT，夜间（20:00～8:00）		
Davis 等（2006）	女性志愿者，20 ～ 45 岁	60 Hz，高于环境 5 ～ 10 mG 电磁场连续 5 晚		
Karasek 等（2003）	使用低频电磁场治疗的下背痛患者	200 Hz，25 ～ 80 μT 及 40 Hz，2.9 mT 两种剂量，20 min/d，15 d	血清睾酮和雌激素浓度	血清睾酮浓度未见影响，而 200 Hz，25 ～ 80 μT 强度可引起男性血清雌激素浓度降低

1. 流行病学研究

Maresh 等（1988）、Selmaoui 等（1997）、Akerstedt 等（1999）、Kurokawa 等（2003）和 Davis 等（2006）的研究发现，急性暴露于电磁场，血清甲状腺激素、肾上腺皮质醇激素、睾酮和雌激素浓度未见改变。Karasek 等（2003）报道，男性低频电磁场暴露后，其血清睾酮浓度未见影响，而 25 ～80 μT 强度的 200 Hz 电磁场可引起男性血清雌激素浓度降低。

2. 实验室研究

Quinlan 等（1985）、Portet 等（1988）和 Margonato 等（1993）的研究发现，暴露于电磁场，大鼠血清肾上腺皮质酮、甲状腺素（T3、T4）和睾酮等激素水平未见影响。De Bruyn 等（1994）报道，小鼠暴露于 10 kV/m 的 60 Hz 电磁场，每天 22 h，日间血清肾上腺皮质酮浓度升高，夜间激素水平未见影响。Picazo 等（1996）报道，小鼠暴露于 15 μT 的 50 Hz 电磁场，血清肾上腺皮质醇激素浓度日间节律性丧失，日间浓度下降，夜间浓度升高。J. M. Thompson 等（1995）报道，Suffolk 绵羊暴露于 60 Hz、500 kV 高压输电线路下，平均电场强度 6 kV/m，平均磁场强度 40 mG，其血清肾上腺皮质醇激素和肾上腺皮质酮激素浓度未见影响。J. F. Burchard 等（1996）报道，Holstein 奶牛暴露于电场强度 10 kV/m 的垂直电场，磁场强度 30 μT 的水平磁场，暴露 3 个阶段，每个阶段 28 d，其黄体酮和肾上腺皮质醇激素浓度未见影响。M. Randa 等（2002）报道，大鼠暴露于 2G、50 Hz 的电磁场 1 ～4 w，血清肾上腺皮质酮明显升高，其机制可能是暴露于低频电磁场环境增强了大鼠的应激反应。Farkhad 等（2007）研究发现，成年雄性豚鼠暴露于 0. 013 ～0. 207 μT、5 ～50 Hz 的电磁场，连续暴露 5 d，每天 2 h，其血清睾酮水平明显下降。Al-Akhras 等（2006，2008）报道，成年 Sprague-Dawley 大鼠暴露于 50 Hz 正弦波电磁场，磁场强度 25 μT，连续暴露 18 w，雄性大鼠血清睾酮浓度在暴露 6 ～12 w 即明显降低，而雌性大鼠血清黄体酮和雌激素浓度显著降低，且去除暴露 12 w 后，雌激素浓度的降低依然有统计学意义。M. Aydin 等（2009）研究表明，大鼠暴露于平均磁场强度 48. 21 mG、50 Hz 的电磁场 1 ～3 个月，血清黄体酮和 17 - β - 雌二醇浓度未见影响。Anselmo 等（2009）研究认为，孕期大鼠暴露于 3 μT、60 Hz 的电磁场每天 2 h，电磁场和营养不良联合作用，可引起大鼠血清甲状腺激素（T3 + T4）浓度降低，且 T4∶T3 比营养良好组低 18 倍。

第五节　低频电磁场对生殖系统的影响

目前，国内外针对低频电磁辐射的生殖毒性影响的研究有很多，既有流行病学研究也有实验研究，包括人群研究、动物实验和体外实验，但是由于方法设计不同、样本量不同、研究对象存在一定的差异等原因，研究结果不尽相同，同时由于低频电磁辐射暴露与不同生殖毒性结局（如流产、出生缺陷、胎儿肿瘤等）的关系存在一定的不确定性，现阶段尚不能明确得出低频电磁辐射暴露的生殖毒性影响，建立可靠的因果联系。

一、低频电磁场对女性生殖功能的影响

1. 流产

自从 Wertheimer 等（1988）提出电热毯、水床、天花板电缆等的使用能导致自发性流产的增加后，关于家居环境电磁辐射与流产之间关系的调查研究越来越多，有些调查显示两者呈相关性。Belanger（1998）对 2 967 名女性进行调查，其中 31. 5% 的女性妊娠小于 12 w，38. 5% 的女性在孕 13 ～16 w 之间，结果显示电热毯的使用与自然流产率增加有密切联系，*RR* 值为 1. 84。Li 等（2002）对旧金山妇女进行前瞻性队列研究，虽然没有观察到平均水平电磁场与流产的联系，但是发现妊娠期流产危险性随磁场强度增大而增加。当暴露于磁场强度不低于 16 mG 的磁场时，流产的相对危险度 *RR* = 2. 9（95% *CI* = 1. 6 ～5. 3），早期流产的 *RR* = 5. 7（95% *CI* = 2. 1 ～15. 7），而有多次流产史或生育力低下的易感孕妇流产的 *RR* = 4. 0（95% *CI* = 1. 4 ～11. 5）。Lee 等（2002）通

过巢氏病例—对照研究发现，女性居住地及个人暴露与自然流产呈正相关关系，认为危险性大小与磁场性质和剂量有关。

但是，也有不少研究者的研究结果不能支持这种联系。Hjollund 等（1999）调查了焊接工人低频磁场暴露与生殖功能的关系，研究结果显示磁场暴露不大可能对女性生殖机能造成不良影响。Lee 等（2000）利用前瞻性队列研究调查评估了自然流产与首次妊娠期间使用床上加热装置的关系，发现使用电热毯少于 1 h 的 20 人，其调整比值比 $OR=3.0$，95% $CI=1.1\sim8.3$，但是在暴露于电热毯高挡不少于 2 h 的 13 人中，并没有人发生自然流产，即暴露程度（以暴露时间加权平均量作为评价尺度）与自然流产率不呈正相关。Juutilainen（2003）认为虽然有少数报道显示特定性质的磁场暴露会增加妊娠不良结局的危险性，但是还不能认为母体磁场暴露与妊娠不良结局有必然联系。

由于视屏显示终端（video display ter minals，VDTs）的水平偏转系统、电磁线圈及电磁变压器和其他电子电路可产生低频电磁场，因此 VDTs 是目前常见的低频电磁辐射职业暴露来源，有关其与不良妊娠结局的研究也很多。Goldharber 等（1988）曾对非就业妇女和 VDTs 接触妇女作了子代缺陷分类数量上的比较，结果表明在妊娠头 3 个月接触每周超过 20 h，其流产率较未接触者明显升高，且与接触强度有剂量反应关系，但先天性缺陷无明显增高。董翠英（2004）报道，VDTs 接触组妊娠剧吐、先兆流产、自然流产及月经异常的发生率均显著高于对照组。但 Parazzini 等（1993）对 9 项在妊娠期中使用 VDTs 与妊娠结局之间关系的研究结果进行了 Meta 分析，共包括了 9 000 例自发性流产、1 500 例低出生体重儿、2 000 例出生缺陷的病例组和 50 000 例的对照组，对每一项单独的妊娠结局的研究结果都是采用四格表资料的 Meta 分析方法，并分别计算了流产、低出生体重和出生缺陷的合并 *OR* 值。其中，7 项研究分析了 VDTs 与流产风险之间的关系，每个研究的自发性流产的 *OR* 粗略估计值在 $0.9\sim1.2$ 之间，而合并的 $OR=1.0$，95% $CI=0.9\sim1.0$，Meta 分析结果表明自发流产的风险与 VDTs 暴露时间无显著相关关系。Marcus 等（2000）的研究也提示，视频显示终端等电磁辐射与早期自然流产和先天畸形等并无关系。

2. 出生缺陷

Li（1995）的研究结果发现，出生前孕母使用电热毯者新生儿发生生殖泌尿道畸形的危险明显增高（$OR=4.4$），而如果是在早孕阶段使用电热毯，危险率会更高（$OR=10.0$），同时随着使用时间增加，危险率也会相应提高。Smith 等（1997）的研究显示，暴露于视频显示终端不仅可能引起先天畸形、胎儿宫内发育迟缓等，还可明显增加不孕的危险性。Shaw 等（1999）分别以神经管畸形和面部畸形为病例组进行了病例—对照研究，结果显示，女性使用床上加温设施如电热毯会对上述畸形的发生产生一定的影响。Blaasaas 等（2004）对挪威自 1967—1995 年所有在医院登记的妊娠至少 16 w，且有电磁辐射暴露史的孕妇进行了调查分析，选择性评价了儿童出生缺陷与高压电线电磁场居住性暴露的关联，研究者将电磁辐射暴露量分为 3 级：<4 h/w，$4\sim24$ h/w 和 >24 h/w，暴露量 >0.1 μT，在这 3 个等级间进行 24 种出生缺陷疾病的比较分析，结果发现孕期居住在高压线附近的孕妇其子代食道畸形增加，心脏、呼吸系统畸形风险减少，但未发现神经管畸形的风险变化，与暴露有关的出生缺陷疾病风险度最高的是胎儿脑积水（$OR = 1.73$，$95\% CI = 0.26 \sim 11.24$）和心脏缺损（$OR = 1.54$，$95\% CI = 0.89 \sim 2.68$），风险度最低的是胎儿脊柱裂（$OR = 0.60$，$95\% CI = 0.10 \sim 3.47$）和食管缺损（$OR = 0.41$，$95\% CI = 0.03 \sim 5.15$）。研究结果不支持高压电线电磁场的居住性暴露与所研究的儿童出生缺陷有关。

3. 胎儿宫内发育迟缓及低出生体重

Wertheimer（1986）等报道了孕期受电磁辐射影响，其子代低出生体重儿的风险增加。Braeker 调查了 2 967 名妇女后认为妊娠使用电热毯并不能增加低出生体重及胎儿宫内发育迟缓率。

二、低频电磁场对男性生殖功能的影响

Nordstrom 等（1983）对瑞典发电厂工人进行的回顾性研究表明，工作在高压装置附近的男性工人，其配偶为正常妊娠的比例明显降低，后代围产期死亡率增加了 3.6 倍，先天性畸形率增加了 3.2 倍。在广播电线工厂工作的男性，其后代的不育率增加了 5.9 倍。Olshan 等（1991）曾报道，VDTs 职业暴露的男性其子代患房间隔缺损等出生缺陷疾病的风险增加。De Roos 等（2001）报道，没有足够证据证明较高磁场强度低频电磁场暴露的男性工人，如电工、养路工、焊工等，其后代神经母细胞瘤的发生率增加。Verreault 等（1990）在白种男性中进行一项研究表明，使用电热毯与成年男性睾丸癌的发生无明显的联系。

三、低频电磁场对后代的健康影响

Hatch 等（1998）访问了 252 名 0 ～ 14 岁被诊断为癌症的儿童，其调查研究结论证实了孕母妊娠使用电热毯或电热床垫会增加后代的脑瘤及急性淋巴细胞性白血病的发生率。Infante-Rivard 等（2003）对魁北克妇女孕期低频磁场暴露对儿童急性白血病产生的影响进行了病例—对照研究，通过调查母亲产前电磁辐射的暴露量，对结果进行比较分析，结果发现职业暴露最高水平（磁场强度≥0.4 mT）者其子代患儿童急性白血病的 OR 值可达到 2.5（$95\% CI = 1.2 \sim 5.0$），病例组比对照组患病风险高 70%，病例组孕妇的累积暴露量、平均暴露量及最高暴露量均高于对照组，因此认为孕期暴露于最高职业水平电磁场的妇女，其后代患白血病的危险性增加。杜卫等（2008）采用病例对照研究方法，对新发的白血病患儿病例进行相关因素的回顾性调查。研究显示，孕妇暴露于低频电磁场、孕妇经常使用电磁用具与儿童白血病发病率密切相关。

但也有一些研究显示了阴性结果。Sorahan 等（1999）对牛津大学调查的 1953—1981 年间因癌症死亡的儿童，其患症与其母亲怀孕前、中、后职业磁场暴露的关联性进行了回顾性调查分析，其结果不能证明母体妊娠阶段职业磁场暴露与其后代患白血病、脑瘤和其他癌症有关。Kheifets 等（1999）也认为电磁辐射与儿童脑癌的发生不存在显著性关联。Feychting 等（2000）对瑞典癌症患儿与其父母从事的职业辐射暴露的关联性进行了队列研究，认为男性职业磁场暴露与其子女儿童期患癌症没有关联。

四、低频电磁场对动物的影响：动物及其体外实验研究

有关低频电磁场生殖毒性实验研究，可利用体外胚胎、生殖细胞培养或活体动物实验，提供更确切的资料，并对其影响机制作进一步探讨，但其结果也是多种多样、矛盾不一的。

Kowalczuk 等（1995）研究表明，雄性小鼠暴露于磁场强度为 10 mT、50 Hz 的磁场，不会引起交配雌鼠受孕率、着床前及着床后的存活率的变化，精子发生阶段接触此种强度辐射不会引起精子细胞的显著致死性突变。

Huuskonen 等（1998）为了证实 VDTs 所发射的脉冲磁场对胚胎的致死性，将 CBA/S 鼠从妊娠第 1 天始连续暴露在 20 kHz 的磁场中，垂直磁场强度为 15 μT。在妊娠第 18 d 时杀死母鼠并检查其子宫内情况，母鼠及幼鼠的体重、种植胚胎数、死亡及存活的幼鼠数、幼鼠的外观及骨骼畸形均与对照组没有明显的差异。

Ryan（2000）将 SD 大鼠于受孕第 6 ～ 19 d 于 180 Hz + 60 Hz 的共振磁场中，总磁场强度为 0.2 mT，结果也不认为电磁场暴露可影响其胚胎的发育。

Cecconi 等（2000）将体外小鼠的窦前卵泡置于 33 Hz 或 50 Hz 脉冲低频电磁场中培养。在培养 3 d 后未见低频磁场对卵泡生长有影响，但是第 5 d 可见暴露于 33 Hz 组中的卵泡细胞生长数比对照组显著下降，而 50 Hz 组未见此现象。但是这两种频率的电磁场均严重影响了卵泡形成（对照组卵泡细胞发育成为卵泡的成功率为 79% ±3%，而 33 Hz 组和 50 Hz 组的成功率分别为 30% ±6% 和 51.6% ±4%）。另外，在电磁场暴露下获得的体外次级卵母细胞中，有很大比例的细胞其重新开始减数分裂并达到成熟的能力下降。这些结果表明低频电磁场暴露有可能降低雌性哺乳动物的生殖能力。

Huuskonena 等（2001）研究了 50 Hz 磁场对大鼠胚胎着床的影响，磁场强度为 13 μT或 130 μT，结果发现辐射对胚胎总着床数没有影响，认为 50 Hz 电磁辐射暴露不会削弱大鼠胚胎着床能力。

Akhras 等（2001）将 SD 大鼠暴露于 25 μT、50 Hz 的正弦磁场 90 d 后与其未暴露配对鼠交配，发现暴露组成年雌性大鼠胚胎着床均数及每窝活胎数显著降低，雄性大鼠的受孕数明显降低，并且胚胎吸收数增加，可认为低频电磁场对大鼠生殖能力有一定的影响。他们 2006 年的研究发现，雄性 SD 大鼠暴露于 25 μT、50 Hz 的正弦磁场中 18 w，精囊和包皮腺重量显著下降，睾丸精子数量降低；暴露 6 w 和 12 w，发现大鼠血清睾酮水平显著降低，进一步提示低频电磁场对雄性大鼠生殖能力的影响。

Elbetieha 等（2002）对成年雌性 Swiss 小鼠进行类似实验，结果显示暴露组母鼠的着床数、存活胎鼠数及总胎吸收数与阴性对照组无显著性差异。暴露组母鼠的体重、子宫重量也未受影响，说明暴露于电磁场对小鼠的怀孕及生殖功能均没有不良影响。

Ohnishi 等（2002）将 3 组 ICR 雌、雄小鼠分别置于 0 mT（空白对照）、0.5 mT、5.0 mT、50 Hz 的电磁场下，雌雄小鼠分别在交配前经 2 ～9 w 辐射暴露，雌鼠受孕后继续暴露至行剖宫产术。胎鼠于孕后第 18 天剖宫取出。结果显示，暴露组的活胎数、性别比、胎鼠体重和胎鼠畸形发生率（外观、器官和骨骼）等指标与对照组相比没有显著性差异。研究结果不支持电磁辐射暴露对生殖有不良影响。

Chung（2003）将96只受孕SD大鼠分别在怀孕后6～20 d内，持续暴露于0（空白对照），5 μT、83.3 μT和500 μT、60 Hz的磁场下，每天暴露22 h，结果发现暴露组母鼠平均体重、器官重量、血液指标与空白对照组没有差异，没有发现暴露因素引起的暴露组与对照组的死胎数、胎鼠体重、胎盘重量的差异，暴露组胎鼠畸形发生率（外观、器官和骨骼）与对照组也无显著性差异。该研究认为孕后6～20 d暴露于最高磁场强度500 μT、60 Hz的磁场不会对母鼠或子鼠产生显著的生殖毒性或发育毒性。

洪蓉等（2003）将雄性小鼠分别暴露于0.2～6.4 mT、50 Hz的电磁场下，持续2 w或4 w。结果显示，6.4 mT组暴露4 w后，小鼠睾丸重量相比对照组明显下降，暴露各组小鼠睾丸组织学无明显改变；电磁场暴露4 w组小鼠精子数量明显下降；电磁场暴露各组小鼠精子活动率均下降，精子畸形率均高于对照组；6.4 mT电磁场暴露2 w组小鼠1C细胞（精子细胞和精子）百分比显著下降，2C细胞（次级精母细胞、G0期的精原细胞和非生精细胞，包括支持细胞以及巨噬细胞）、4C细胞（初级精母细胞和场期的精原细胞）百分比没有明显变化，各类细胞DNA含量有所下降，其S期细胞百分比与对照组的差异亦有显著性（$P<0.01$）。故认为电磁场暴露可能对雄性小鼠生殖产生不良影响。

Lee等（2004）的研究表明频率为60 Hz的电磁场可影响小鼠睾丸精子细胞的凋亡过程，暴露组的精子细胞死亡率明显高于对照组，而暴露组与对照组小鼠的体重及睾丸重量没有显著性差异。

低频电磁场的细胞遗传毒性如表2－9所示。

表2－9　低频电磁场的细胞遗传毒性

参考文献	研究对象	暴露条件及时间	研究指标	研究结果
Wertheimer等（1988）	使用水床的女性，自身对照	未知	流产率	磁场暴露可增加流产率
Belanger（1998）	2 967名电热毯和水床使用者	电器暴露	流产的*RR*值	电热毯的使用与自然流产率增加有密切联系，*RR*值为1.84
Li等（2002）	969名旧金山妇女	磁场强度不低于16 mG（1.6 μT），居住暴露	流产的相对危险度（*RR*）	妊娠期流产危险性随磁场强度增大而增加
Lee等（2002）	177例病例，550名对照	居住地及个人暴露	流产的*OR*值	女性居住地及个人暴露与自然流产呈正相关关系
Hjollund等（1999）	暴露组36名焊工，非暴露组21名非焊工	职业暴露，>0.2 μT	怀孕时间、精子质量、激素水平及怀孕率	磁场暴露不大可能对女性生殖机能造成不良影响

续表2-9

参考文献	研究对象	暴露条件及时间	研究指标	研究结果
Lee等（2000）	女性，524名电热毯使用者和796名水床使用者	电器暴露	流产的调整 *OR* 值	暴露程度与自然流产率不呈正相关
董翠英（2004）	北京地区不同行业的女性计算机操作人员504人、对照组547人	视屏作业暴露	有关月经、孕产期健康及子代健康状况	VDTs作业可能会增加先兆流产和自然流产的危险性
Li（1995）	117例病例，385名对照人员，电热毯使用暴露	电器暴露	生殖泌尿道畸形 *OR* 值	电热毯使用与生殖泌尿道畸形发生密切相关
Smith等（1997）	281名女性视屏作业人员，216名对照人员	视屏作业暴露	出生缺陷、胎儿宫内发育迟缓及不孕症的 *OR* 值	视频显示终端可能引起先天畸形、胎儿宫内发育迟缓等，还可明显增加不孕的危险性
Shaw等（1999）	两项病例对照研究，电热毯使用女性	电器暴露	出生缺陷 *OR* 值	电热毯使用会对神经管畸形和面部畸形的发生产生一定的影响
Blaasaas等（2004）	挪威自1967—1995年所有在医院登记的妊娠至少16 w且有电磁辐射暴露史的孕妇	高压线附近居住暴露，暴露量>0.1 μT	出生缺陷 *OR* 值	不支持高压电线电磁场的居住性暴露与所研究的儿童出生缺陷有关
Nordstrom等（1983）	瑞典542名高压变电站工人	职业暴露	正常妊娠结局率、围产期死亡率和先天性畸形发生率	其配偶为正常妊娠结局的比例明显降低，后代围产期死亡率增加了3.6倍，先天性畸形增加了3.2倍
Olsham等（1991）	14 415例新生儿出生缺陷病例，1:2配对	男性职业暴露	子代出生缺陷 *OR* 值	子代患房间隔缺损等出生缺陷疾病的风险增加
De Roos等（2001）	538名病例，1:1配对	男性职业暴露，低频暴露量>0.4 μT	子代神经母细胞瘤 *OR* 值	不能证明电工、养路工、焊工后代神经母细胞瘤的发生率增加（*OR* = 1.6；95% *CI* = 0.9～2.8）

续表2-9

参考文献	研究对象	暴露条件及时间	研究指标	研究结果
Verreault等（1990）	睾丸癌病例，电热毯使用者	电器暴露	睾丸癌 *RR* 值	电热毯与成年男性睾丸癌的发生无明显的联系
Hatch等（1998）	640名患儿病例，1:1配对	电器暴露	儿童脑瘤和白血病的 *OR* 值	孕母妊娠电器暴露会增加后代脑瘤及急性淋巴细胞性白血病的发生率
Infante-Rivard等（2003）	491名患儿病例，1:1配对	孕母的职业暴露，≥0.4 μT	儿童白血病 *OR* 值	孕期暴露于最高职业水平电磁场的妇女，其后代患白血病的危险性增加
杜卫等（2008）	248例白血病患儿和760名对照	居住暴露	回归分析，相关系数	孕妇低频电磁场暴露和孕母孕期应用电磁用具与儿童白血病有显著性意义
Sorahan等（1999）	15 041例患儿，1:1配对	居住暴露	*RR* 值	不能证明母体妊娠阶段职业磁场暴露与其后代患白血病、脑瘤和其他癌症有关
Feychting等（2000）	235 635名儿童	父亲的职业暴露	*RR* 值	父亲的职业磁场暴露与其子女儿童期患癌症没有关联
Kowalczuk等（1995）	雄性小鼠	10 mT，50 Hz	交配雌鼠受孕率、着床前及着床后的存活率、精子细胞致死性突变率	电磁场暴露不会影响小鼠的生殖功能
Huuskonen等（1998）	CBA/S鼠	从妊娠第一天始连续暴露于20 kHz的磁场中，垂直场强15 μT	胚胎发育情况	母鼠及幼鼠的体重，种植胚胎数、死亡及存活的幼鼠数、幼鼠的外观及骨骼畸形均与对照组没有明显的差异
Ryan（2000）	SD大鼠	受孕第6～19 d暴露于180 Hz和60 Hz的共振磁场，总场强为0.2 mT	胚胎发育情况	电磁场暴露不会影响大鼠胚胎的发育

续表 2－9

参考文献	研究对象	暴露条件及时间	研究指标	研究结果
Cecconi 等（2000）	体外小鼠的窦前卵泡	33 Hz 或 50 Hz 脉冲低频电磁场，培养 5 d	卵泡细胞生长数，卵泡形成数	低频电磁场暴露有可能降低雌性哺乳动物的生殖能力
Huuskonena 等（2001）	大鼠胚胎	50 Hz，13～130 μT	胚胎总着床数	50 Hz 电磁辐射暴露不会削弱大鼠胚胎着床能力
Akhras 等（2001）	雌性 SD 大鼠	25 μT、50 Hz 正弦磁场，90 d	雌性大鼠胚胎着床均数及每窝活胎数	低频电磁场可影响雌性大鼠的生殖能力
Elbetieha 等（2002）	雌性 Swiss 小鼠	25 μT、50 Hz 正弦磁场，90 d	胚胎着床数、存活胎鼠数及总胎吸收数等指标	电磁场对小鼠的怀孕及生殖功能均没有不良影响
Ohnishi 等（2002）	ICR 雌、雄小鼠	0～5.0 mT、50 Hz，交配前经 2～9 w 辐射暴露	活胎数、性别比、胎鼠体重和胎鼠畸形发生率等指标	研究结果不支持电磁辐射暴露对生殖有不良影响
Chung（2003）	96 只受孕 SD 大鼠	怀孕后 6～20 d 内，持续暴露于 0～500 μT 的 60 Hz 磁场下，每天暴露 22 h	死胎数、胎鼠体重、胎盘重量、胎鼠畸形发生率	暴露于最高磁场强度 500 μT、60 Hz 的磁场不会对母鼠或子鼠产生显著的生殖毒性或发育毒性
洪蓉等（2003）	雄性小鼠	0.2～6.4 mT，50 Hz，持续 2～4 w	睾丸重量、精子数量、精子活动率、精子畸形率	电磁场暴露可能对雄性小鼠生殖产生不良影响
Lee 等（2004）	雄性 BALB/c 小鼠	60 Hz，0.1～0.5 mT，8 w，每天 24 h	小鼠睾丸精子细胞的凋亡率	电磁场暴露会引起小鼠睾丸精子细胞凋亡

第六节　低频电磁场对免疫系统的影响

免疫系统包括免疫器官、免疫细胞和免疫分子。免疫系统对维持机体的正常生理功能起重要作用，通过固有免疫反应和适应性免疫反应，抗原的识别和应答，免疫防御、免疫监视和免疫自稳等机制维持机体的稳态。因此，研究电磁场对免疫系统的作用具有重要意义。电磁场的生物效应主要包括两种：热效应和非热效应。当比吸收率（specific absorption rate，SAR）比较高的时候，以热效应为主，反之则为非热效应。热效应相关机制的研究已经比较清楚；非热效应对机体的作用较为复杂。电磁辐射对免疫系统的作用机制也是通过这两种效应来实现的。

一、低频电磁场对免疫器官形态的影响

胸腺和脾脏分别是免疫系统中重要的中枢和周围免疫器官。胸腺是形成初始 T 细胞的场所，分为左右两个页，表面覆盖一层结缔组织被膜，被膜插入实质将实质分为若干个胸腺小叶，胸腺小叶的外层是皮质，内层是髓质，皮髓质交界处有大量的血管分布。正常胸腺是分叶状，周边为皮质，中心为髓质。脾脏是人体最大的外周免疫器官，是各种成熟淋巴细胞定居的场所。其中，B 淋巴细胞约占脾淋巴细胞总数的 60%，T 淋巴细胞约占 40%。脾脏也是机体对血源性抗原产生免疫应答的主要场所。T 细胞抗原受体（T cell antigen receptor，TCR）是所有种类 T 细胞共有的特征性标志，并以非共价键与 CD3 分子结合，形成 TCR-CD3 复合物，CD3 经常作为 T 细胞的检测标志物。CD19 是各个阶段 B 细胞表面共有的特征性标志分子。朱世忠（2010）探讨低频电磁场对 BALB/c 鼠免疫功能影响发现中 1.0 mT、4.5 mT、9.0 mT 3 个不同的照射剂量组与对照组比较而言，胸腺和脾脏在 8 w 和 12 w 低、中剂量的处理后，表现为胸腺脏器指数和脾脏指数的增加，但是高剂量组却表现为下降。

二、低频电磁场对免疫细胞的影响

非特异性免疫（固有免疫）细胞包括巨噬细胞、单核细胞、NK 细胞和中性粒细胞等，在个体出生时就具有，既可以对侵入的病原体迅速应答，也可以参与体内清除体内衰老或畸变的细胞。低频电磁辐射可以激活非特异性免疫细胞，增强机体的非特异性免疫应答。

F. Gobba（2009）研究小组对暴露于不同低频电磁场强度的 52 名工人的 NK 细胞活性进行了研究，采用个体剂量仪对低频电磁场进行了 3 个班次的检测，研究对象的个体电磁场时间加权平均强度 TWA 为 0.21 μT，NK 活性在 TWA ≤0.2 μT 组和 TWA≥0.2 μT 组之间没有明显差异，但是观察到 TWA≥1 μT 高暴露组的 NK 细胞活性比低暴露组低。后来，该研究小组对 121 位不同职业的工人进行类似研究，得到了相似的结论。F. Gobba 研究小组认为低频电磁场暴露强度 TWA≥1 μT 组光就可以抑制人体 NK 细胞活性，提示 NK 细胞活性的变化可能是低频电磁场致某些疾病发生的机制之一。此外，Bonhomme-Faivre（2003）研究小组发现人在强度为 0.2～6.6 μT、50 Hz的电磁场每天暴露 8 h，持续暴露 5 年，暴露组的 CD3、CD4、淋巴细胞总数、NK 细胞活性均较对照组降低。但是 Ichinose 等（2007）研究小组报道 60 名电力业的职工的 NK 细胞活性与对照人群没有差异，并且 CD4、CD8、CD4∶CD8 等水平也没有差异。

三、低频电磁场对免疫分子的影响

国内朱绍忠等（2002）对某铁路分局长期在 275 kV 高电压环境中工作的主要工种进行了血液学和免疫学检测，发现暴露组白细胞总数、淋巴细胞数和血清 IgG、IgA 含量明显低于对照组，差异有显著性，但未发现 IgM 有此差异。目前，关于人群低频磁场暴露对人体免疫功能的影响由于没有较好的人群流行病学资料仍没有定论，在动物和细

胞实验中，高剂量引起的各种效应没能在人群中得到印证，人群低剂量的健康效应由于混杂因素多无法确定其因果联系。

朱世忠（2010）发现暴露于低频电磁场1.0 mT、4.5 mT、9.0 mT 3个不同的照射剂量组与对照组比较，小鼠低、中剂量中象征体液免疫水平的IgG抗体水平逐渐升高的趋势，但是在高剂量的照射条件下，IgG抗体的水平与正常对照组相比较却是下降的。低频电磁场对机体免疫系统的影响如表2－10所示。

表2－10　低频电磁场对机体免疫系统的影响

参考文献	研究对象	暴露条件及时间	研究指标	研究结果
朱世忠（2010）	BALB/c鼠	1.0 mT、4.5 mT、9.0 mT	胸腺和脾脏指数、巨噬细胞吞噬指数	低频电磁场对BALB/c小鼠免疫功能影响是在8 w、12 w时低、中剂量都表现为增强作用，高剂量暴露都是抑制作用
F. Gobba等（2009）	不同职业的工人（52名）	时间加权平均强度TWA为0.21平均强NK细胞活性	NK细胞	NK细胞活性在TWA≤0.2 μT组和TWA＞0.2 μT组之间没有明显差异，但是观察到TWA≥1 μT高暴露组的NK活性比低暴露组低
F. Gobba等（2009）	不同职业的工人（121名）	低剂量组（TWA≤0.2 μT）、中剂量组（TWA在0.21～0.99 μT），高剂量组（TWA≥1 μT）	NK细胞	NK细胞活性在TWA在0～0.2 21～0组和TWA在0.2～0.99 21～0组之间没有明显差异，但是观察到TWA≥1 μT高暴露组的NK活性比低暴露组低
L. Bonhomme-Faivre等（2003）	人（6名）、小鼠（12只）	人：50 Hz，0.2 μT～6.6 μT，每天8 h，5年；小鼠：50 Hz，5 μT，109 d	淋巴细胞、胸腺细胞、CD3、CD4	暴露组的人或小鼠的淋巴细胞、胸腺细胞、CD3、CD4降低
朱绍忠等（2002）	某铁路分局电气化铁路线上的工人	50 Hz电磁场	血液学分析、免疫球蛋白水平测定和血淋巴细胞、DNA损伤分析	暴露组的血液学指标和免疫指标低于对照组。淋巴细胞DNA损伤率则明显高于对照组

第七节　低频电磁场对机体及其他系统的影响

一、低频电磁场对骨骼肌肉的影响

在 WHO《低频场环境健康准则（EHC No. 238）》中提到，哺乳动物对高达 20 mT 低频磁场的暴露，没有产生外部的、内脏的和骨骼的畸变。一些研究显示出大鼠和小鼠均有轻度骨骼异常的增加。骨骼变化在畸形研究中是较常见的，通常被认为是没有生物意义的。但是，不能排除磁场对骨骼生长的微妙影响。

近十年，中低频电磁场对肌肉的影响的报道较少，Vesna Pešić 等（2004）对暴露于 50 Hz、6 mT、15 min 的老鼠的肌动活动进行了研究，结果显示 15 min 的低频磁场暴露可使肌动活动发生改变，并与苯丙胺剂量导致神经传导物质的不安定性相关。

程国政等（2010）人采用贴壁筛选法培养原代大鼠骨髓间充质干细胞，每天在频率为 50 Hz、强度为 1. 8 mT 的磁场环境中处理 0. 5 h、1. 0 h、1. 5 h、2. 0 h 和 2. 5 h；同时设立未经电磁场处理的细胞作为对照组。于处理后的第 3 d、6 d、9 d 和 12 d 分别测定细胞碱性磷酸酶活性、骨钙素分泌量、钙化结节数以及 I 型胶原表达量，并比较各组间差异；于处理后 12 h 提取细胞总 RNA，用 Real-Time-PCR 法检测成骨性分化基因 Osterix 表达情况。结果显示，正弦电磁场干预 1 h 能明显促进骨髓间充质干细胞的成骨性分化，表现在该组的碱性磷酸酶活性、骨钙素分泌量、钙化结节数、I 型胶原表达量以及成骨性分化基因的表达量最高，亦显著高于对照组。提示 50 Hz、1. 8 mT 强度的正弦电磁场能促进骨髓间充质干细胞的成骨性分化，以作用 1 h 成骨效果最为明显。

Akdag 等将大鼠暴露于职业暴露强度为 100 mT 和 500 mT 的环境下，2 h/d 连续 10 个月后检测大脑细胞凋亡和氧化应激，研究发现细胞凋亡和髓过氧化物酶（MPO）没显著不同，过氧化氢酶（CAT）活动下降，总抗氧化能力（TAC）下降，丙二醛（MDA）总氧化状态（TOS）氧化应激指数（OSI）上升，100 mT 和 500 mT 暴露诱导大鼠通过大脑毒素作用增加和减少抗氧化剂氧化应激的防御系统。

二、低频电磁场对心脏的影响

刘楠（2010）在固定时间和频率下，观察矩形波形低频脉冲磁场（LF-PMF）对大鼠心肌微血管内皮细胞（CMECs）迁移和 NO 分泌能力的影响时，发现 15 Hz，磁场强度分别为 1. 0 mT、1. 4 mT 和 1. 8 mT，时间为 4 h/d，连续照射 3 d 的条件下，1. 0 mT 组、1. 4 mT 组和 1. 8 mT 组 LF-PMF 迁移能力与对照组相比均有不同程度提高，NO 分泌能力与对照组相比均有提高。

三、低频电磁场对机体听力的影响

Budak 等（2009）报道低频电磁场对人听力无显著影响。G. Gurer 等（2009）报道低频电磁场对兔听觉感觉没有显著影响，如表 2－11 所示。

表 2－11　电磁场对机体其他系统的影响

参考文献	研究对象	暴露条件及时间	研究指标	研究结果
程国政等（2010）	大鼠骨髓间充质干细胞	频率为 50 Hz、强度为 1.8 mT 的磁场环境中处理 0.5 h、1.0 h、1.5 h、2.0 h、2.5 h	细胞碱性磷酸酶活性、骨钙素分泌量、钙化结节数以及 I 型胶原表达量	电磁场能促进骨髓间充质干细胞的成骨性分化，以作用 1.0 h 成骨效果最为明显
刘楠等（2010）	大鼠心肌微血管内皮细胞	频率为 15 Hz，磁场强度分别为 1.0 mT、1.4 mT 和 1.8 mT，时间为 4 h/d，连续照射 3 d	测细胞迁移能力，NO 分泌能力	低频脉中磁场对 CMECs 的生物学作用与磁场的强度有一定关系，1.4 mT 和 1.8 mT 组 LF 8 mT 用促进细胞迁移，使 NO 分泌能力提高

第八节　低频电磁场对肿瘤的影响

大量流行病学研究报告，尤其是 20 世纪 80 年代和 90 年代提出的报告显示，磁场长期暴露可能与癌症发生有关。最初的研究集中在儿童癌症与磁场的关联，此后的研究也涉及不同的成人癌症。总体来讲，在专门设计用来为检验最初的发现是否能复现的研究中，最初观察到的 50 ～60 Hz 磁场与不同癌症之间的关联并没有得到确认。

一、低频电磁场对白血病的影响

近年来，儿童白血病的发生呈上升趋势，研究认为可能与环境中低频电磁场暴露有关。1979 年，Wertheimer 等首先报道居住在高压电线周围的儿童白血病的发生率明显增高，*OR* 值为 2.98（95% *CI* =1.38 ～4.98）。此后，人们对低频电磁场与白血病的关系进行了广泛研究，国内外已开展的流行病学研究表明，低频电磁场与白血病的发生存在一定的关系，但各研究的危险程度（*OR* 值）不一致，甚至存在较大差异。

1. 低频电磁场暴露与儿童白血病

Kheifets 等（1999）对近 25 年世界各地登记的白血病发病情况与当地低频电磁辐射和生态调查报告进行分析，得出了儿童白血病与低频电磁辐射暴露的当前趋势，指出欧美国家从 20 世纪六七十年代至今，其儿童白血病的发病率增长了 30%，而同期人均磁场暴露量增长了 4 倍，若将该时期儿童白血病的发病增长人数完全归因于电磁场的暴露，则可解释 25% 的白血病新发病人数。最近流行病学的调查显示，暴露于平均磁场

0.3～0.4 μT 的儿童的白血病发病率要比低暴露于此值的人群高，当磁场超过 0.4 μT 时发病率可能要高出 2 倍。

Savitz 等（1999）采用病例—对照研究的方法探讨了 60 Hz 磁场与儿童肿瘤之间的关系。结果显示，低频磁场暴露与儿童白血病之间有弱的相关性。Stephanie 等（2003）的调查结果也获得了类似的结论。

Gerald 等（2005）在英格兰和威尔士地区的研究发现，儿童白血病发病风险与距离输电线的距离存在明显相关性（$P<0.01$）。

研究人员还开展了长期低频电磁辐射暴露对工人子女患白血病影响的相关流行病学研究，Infante 等（2003）所做的病例—对照研究指出，如果母亲在妊娠期间其工作环境的低频电磁辐射强度超过 0.4 μT，其子女患白血病的危险性就会增加，*OR* 值为 2.5（95% *CI*＝1.2～5.0）。Feychting 等（2000）所做的队列研究时发现，如果父亲由于职业原因暴露于 0.3 μT 以上强度的磁场，其子女患白血病的危险性增加，*OR* 值为 2.0（95% *CI*＝1.1～3.5）。

虽然众多的流行病学研究表明，环境低频电磁辐射暴露可能增加儿童白血病的发病率，但确定二者之间存在必然的因果关系还非常困难，也有为数不少的研究认为低频电磁辐射暴露与儿童白血病之间没有相关性。Draper 等（2006）关于儿童癌症的研究显示，距离输电线 50 m 内的儿童，白血病的发病率并没有增高，*OR* 值为 0.75（95% *CI*＝0.45～1.25）；接触磁场强度≥0.2 μT 与接触磁场强度＜0.1 μT 的儿童相比，患白血病的风险也没有增加，*OR* 值为 0.41（95% *CI*＝0.09～1.87）。Schuz（2007）以及英国儿童癌症研究（UKCCS）的研究也认为，接触≥0.2 μT 的磁场并不会增加儿童白血病的发病风险，*OR* 值分别为 1.24（95% *CI*＝0.86～1.79）和 0.90（95% *CI*＝0.49～1.63）。

由于各项调查结果的不一致性，研究者为了弄清低频电磁场与儿童白血病之间的关联程度，采用 Meta 分析对各文献进行综合再分析。Feychting 等（2000）基于 9 项研究所做出的综合分析指出，磁场强度超过 0.4 μT，儿童白血病的发生率增加 1 倍（95% *CI*＝1.27～3.13）。张徐军等（2000）采用 Meta 分析的方法，对国内外公开发表的 8 篇关于低频电磁辐射与儿童白血病的流行病学研究文献进行综合定量再分析，结果发现低频电磁辐射暴露与儿童白血病存在较高关联性，*OR* 值为 1.58（95% *CI*＝1.24～2.03），认为低频电磁辐射暴露是儿童白血病的危险因素之一。

2. 低频电磁场暴露与成人白血病

关于低频电磁场暴露与成人肿瘤的关系，流行病学研究结果也很不一致。Håkansson 等（2005）对瑞典全国近 50% 的男性进行了调查。结果表明：白血病的相对危险度与职业环境中低频电磁场暴露的时间加权平均值（TWA）显著相关；综合各种类型的白血病，最高危险度出现于 TWA＞0.41 μT 的人群。

不同亚型白血病的发病机制不同，它们与低频电磁场暴露的关联度也不尽相同。Feychting（2000）和 Håkansson 等（2002）对瑞典人群的调查结果显示，慢性淋巴细胞白血病（chronic lymphocytic leukemia，CLL）的危险度随职业环境低频电磁场暴露时间而呈显著增加，而对于急性骨髓性白血病（acute myelogenous leukemia，AML）的危险度。Feychting 等（2000）的研究认为，随低频电磁场暴露的增强略有增加，而 Håkansson 等（2002）的研究却提示与低频电磁场暴露无关。Baris 等（1996）对加拿大和法国的电子公用事业公司的员工进行了调查，结果表明，CLL 的危险度随低频电磁场暴露有所增加，但不显著；而 AML 的危险度则随暴露显著上升。Feychting 和 Ahlbom（2000）调查了高压输电线附近低频电磁场暴露水平对白血病发病的影响，结果表明，生活在电磁场暴露水平 >0.2 μT 地区的人群，其急性、慢性骨髓性白血病发病率略高于生活在电磁场暴露水平 <0.09 μT 的地区。Tynes 等（1992）报道，长期暴露于 50 Hz 低频电磁辐射，可增加暴露人群患淋巴细胞和急性髓系白血病的危险性。Villeneue 等（2000）对工作于 60 Hz 电磁场中的工人做了病例—对照研究发现，电场和白血病之间存在关联，工作于电场强度 20 V/m 以上、工龄超过 20 年的工人患白血病的危险性增加，*OR* 值为 8.23（95% *CI* = 1.24 ～54.43）。Minder 等（2001）所做的队列研究发现，白血病与暴露于高强度低频电磁辐射有关，铁道工程师白血病死亡率 *RR* 值为 2.4（95% *CI* = 1.0 ～6.1），并且危险性随工龄的增长而增加。

但 Savitz（1999）和 London（2001）等在美国进行的两次调查研究，结果都显示磁场暴露与慢性淋巴细胞性白血病之间没有相关性。在对法国电厂工人的一项调查表明，暴露于高水平的电场能增加患脑肿瘤的危险度，但并不相应增加患白血病的危险度。

同样，研究者们也开展了不少 Meta 分析研究。Baris 等（1996）进行的 Meta 分析显示，随着磁场强度增加与人群患白血病的风险相关，*OR* 值为 1.3（95% *CI* = 1.0 ～1.7），并且 *OR* 值随磁场强度的增加及暴露距离的减少而增加，说明低频电磁场暴露是白血病发病的危险因素之一。王星（2011）采用 Meta 分析方法，收集 1980—2010 年间发表的 9 篇相关病例—对照研究，研究职业或居住环境中暴露于电磁场与成年人罹患 AML 危险因素的关系。结果显示，电磁场暴露与 AML 的 *OR* 值为 1.24（95% *CI* = 1.11 ～1.37）。以暴露强度 <0.1 μT 为参照，当暴露值分别为 0.1 ～0.2 μT 和 ≥0.2 μT 时，*OR* 值分别为 1.17（95% *CI* = 0.98 ～1.39）和 1.51（95% *CI* = 1.15 ～1.98）。Meta 分析显示低频电磁场可能是成年人 AML 的危险因素之一。进一步对暴露距离、职业暴露或居住环境暴露进行亚组分析，结果也显示电磁场可增加成年人 AML 的患病风险。

3. 编者的 Meta 分析研究

陈青松等（2013）为探讨低频电磁场对白血病发生的危险程度，也进行了相关的 Meta 分析研究，文献纳入标准及结果如下。

a. 研究文献的纳入标准

（1）研究文献为病例对照研究。

（2）单组样本量大于 100 例。

（3）研究中控制了主要的混杂因素，如年龄、性别、居住环境、收入、文化程度。

（4）病例为白血病患者。

（5）白血病的病理分类和临床分期不限。

（6）研究人群年龄、人种、地区不限。

（7）发表语种为英语和汉语。

（8）发表时间为 2000—2010 年。

（9）测量指标为ELF-EMFs与白血病发生危险性的关联指标*OR*。

b. 研究结果

（1）文献基本情况。本次研究收集低频电磁场与白血病关系的相关文献，符合纳入标准的共13篇。全部为英文文献，发表时间为2000—2009年。其中有6篇文献为儿童白血病研究，7篇文献为职业性暴露白血病研究。入选文献详细情况如表2－12所示。

表2－12　各入选文献详细情况

第一作者名及发表时间	分组情况病例/对照	研究时间	主要结果
R. A. Kleinerman 等，2000	405/405	1989—1993	$OR=1.04$（0.79，1.36）
J. Schuz 等，2001	514/1 301（德国）	1993—1997	$OR=1.27$（0.70，2.32）
G. Draper 等，2005	9 700/9 700（德国，0～14岁）	1962—1995	$OR=1.28$（1.10，1.49）
K. Michinori 等，2006	312/603（日本，0～14岁）	1999—2001	$OR=1.16$（0.83，1.63）
J. Schuz 等，2007	1 842/3 099（德国、加拿大、英国、美国，0～14岁）	1988—1996	$OR=1.54$（1.36，1.74）
E. V. Willett 等，2003	764/1 510（英国）	1991—1996	$OR=0.97$（0.76，1.24）
K. Hug 等，2009	846/2 382（德国）	1992—1997	$OR=0.95$（0.86，1.07）
M. Oppenheimer 等，2002	208/197（美国）	1982—1997	$OR=1.09$（0.76，1.57）
O. J. Adegoke 等，2003	486/502（中国）	1987—1989	$OR=0.88$（0.70，1.12）
A. Blair 等，2000	109/272（美国）	1980—1983	$OR=0.60$（0.40，0.90）
P. J. Villeneuve 等，2000	50/199（美国）	1970—1988	$OR=2.05$（1.39，3.03）
J. Skinner 等，2000	1 799/583（英国）	1991—1996	$OR=1.13$（0.63，2.01）
P. Bethwaite 等，2001	110/199（新西兰）	1989—1991	$OR=1.97$（1.19，3.26）

（2）低频电磁场暴露与白血病发病关系病例对照研究的合并分析。经过异质性检验，得出Q为20.67，自由度为12，$P<0.05$，故采用随机效应模型进行合并，计算得到$ORDL=1.14$，95% $CI=0.98\sim1.32$，如表2－13所示。合并分析结果绘制森林图如图2－4所示。

表 2－13　各研究组病例与低频电磁场暴露基本信息

报告者	病例		对照		SE	OR	Q	OR_{DL}	95% CI
	暴露	无暴露	暴露	无暴露					
R. A. Kleinerman	108	297	105	300	0. 16	1. 03	20. 67	1. 14	0. 98 ～1. 32
J. Schuz	42	472	91	1210	0. 19	1. 18			
G. Draper	322	9 378	253	9 447	0. 09	1. 28			
K. T. Michinori	36	276	61	542	0. 22	1. 16			
J. Schuz	398	1 444	470	2 629	0. 08	1. 54			
E. V. Willett	120	644	244	1 266	0. 12	0. 97			
K. Hug	469	377	1 346	1 036	0. 08	0. 95			
M. Oppenheimer	75	67	133	130	0. 21	1. 09			
O. J. Adegoke	130	356	147	355	0. 14	0. 88			
A. Blair	13	96	50	222	0. 33	0. 60			
P. J. Villeneuve	39	11	126	73	0. 37	2. 05			
J. Skinner	10	1 574	19	3 371	0. 39	1. 13			
P. Bethwaite	26	84	27	172	0. 31	1. 97			

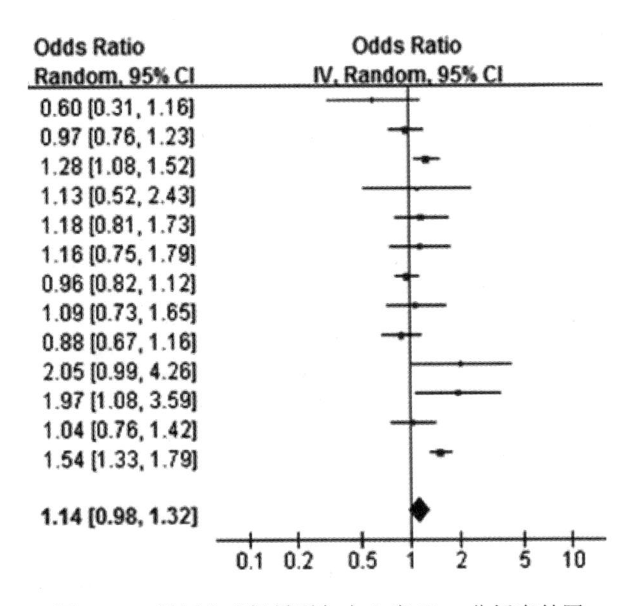

图 2－4　低频电磁场暴露与白血病 Meta 分析森林图

（3）偏移估计。利用 Review Manager 5. 1 软件制作漏斗图，线性回归分析。由图 2－5 可见资料分布情况，左右比较对称，偏倚较小。

（4）亚组分析。对入选文献提供研究分为儿童暴露治疗和职业暴露治疗进行分层

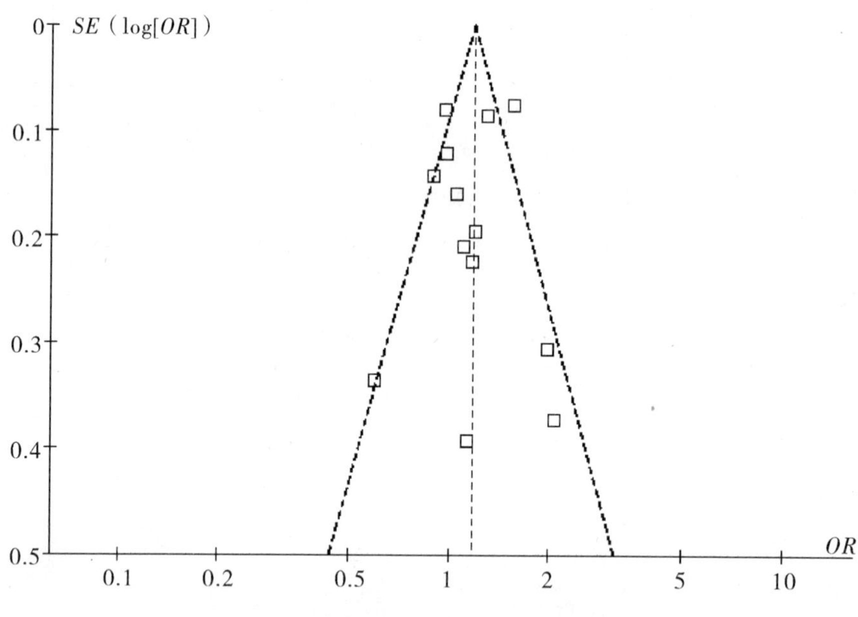

图 2－5　纳入文献发表偏倚的漏斗图分析

分析，应用随机效应模型计算。如表 2－14 所示，发现儿童组低频电磁场暴露与白血病的 *ORDL*＝1. 19，95% *CI*＝1. 00 ～1. 42，合并分析森林图如图 2－6 所示。职业人群组低频电磁场暴露与白血病的 *ORDL*＝1. 08，95% *CI*＝0. 82 ～1. 41，如表 2－15 所示。合并分析结果绘制森林图如图 2－7 所示。

表 2－14　儿童与低频电磁场暴露基本信息

报告者	病例		对照		*OR*	*Q*	OR_{MH}	95% *CI*
	暴露	无暴露	暴露	无暴露				
R. A. Kleinerman	108	297	105	300	1. 03	6. 55	1. 19	1. 00，1. 42
J. Schuz	42	472	91	1210	1. 18			
G. Draper	322	9 378	253	9 447	1. 28			
K. T. Michinori	36	276	61	542	1. 16			
J. Schuz	398	1 444	470	2 629	1. 54			
K. Hug	469	377	1 346	1 036	0. 95			
J. Skinner	10	1 574	19	3 371	1. 13			

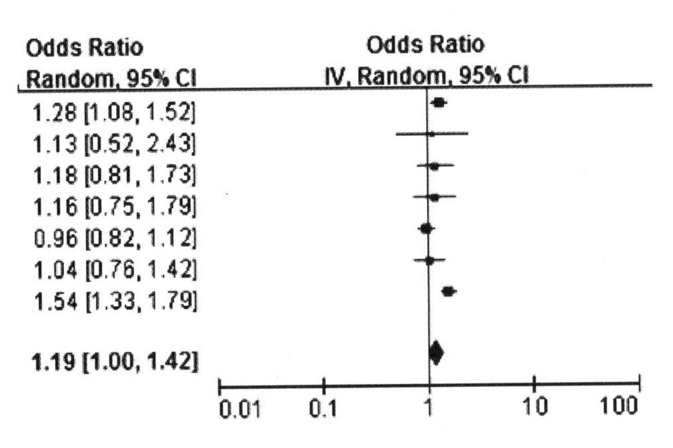

图 2－6　儿童暴露组白血病 Meta 分析森林图

表 2－15　职业人群组与低频电磁场暴露基本信息

报告者	病例		对照		*OR*	*Q*	OR_{MH}	95% *CI*
	暴露	无暴露	暴露	无暴露				
E. V. Willett	120	644	244	1 266	0. 97	10. 64	1. 08	0. 82，1. 41
M. Oppenheimer	75	67	133	130	1. 09			
Olufemi J. Adegoke	130	356	147	355	0. 88			
A. Blair	13	96	50	222	0. 60			
J. Paul Villeneuve	39	11	126	73	2. 05			
J. Skinner	10	1 574	19	3 371	1. 13			
Peter Bethwaite	26	84	27	172	1. 97			

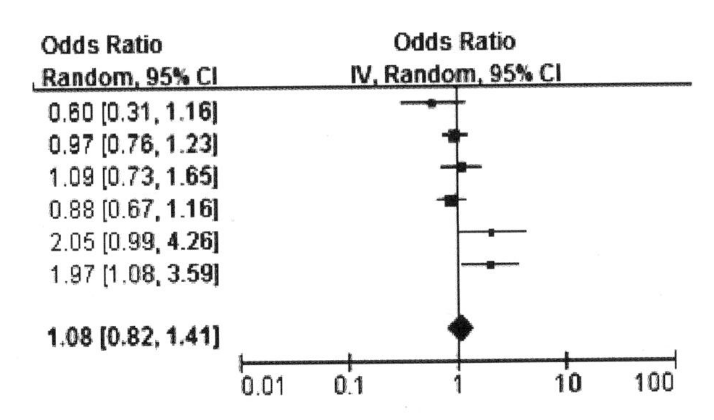

图 2－7　职业暴露组白血病 Meta 分析森林图

c. 结论

本节通过 Meta 分析方法综合分析国外 13 项低频电磁场暴露与白血病关系的病例—对照研究资料，通过同质性检验，得出 *Q* 为 20. 67，自由度为 12，$P<0.05$，应用随机

效应模型合并的 *OR* 值为 1.14，95% *CI* = 0.98 ～ 1.26，表明低频电磁场暴露与白血病发生有一定关系，但差异无统计学意义。对文献进行分层分析，儿童暴露组白血病发生 *ORDL* = 1.19，95% *CI* = 1.00 ～ 1.42，职业暴露组 *ORDL* = 1.08，95% *CI* = 0.82 ～ 1.42。表明两组人群与白血病发生有一定关系，但职业暴露组差异无统计学意义，而儿童暴露组有统计学意义。本研究通过绘制漏斗图表明纳入文献发表偏倚较小。从结果得知，低频电磁场可能是儿童白血病的危险因素之一。

二、低频电磁场对乳腺癌的影响

乳腺癌是女性最常见的恶性肿瘤之一，近年来其发病率具有上升及年轻化趋势，极大地威胁着女性的健康。国外对乳腺癌所开展的早期流行病学研究表明，部分女性患乳腺癌可能与暴露于 ELF-EMFs 有关，如日常生活中电热毯、职业环境暴露、居住环境暴露等。但是，由于乳腺癌的发生受很多危险因素的影响，如初潮年龄、哺乳、口服避孕药、乳腺肿瘤疾病、吸烟以及饮酒等，因此，对于 ELF-EMFs 暴露是否会增加女性患乳腺癌的概率，目前国内外也尚无肯定一致的结论。本节主要采用陈青松等（2009）的 Meta 分析研究内容，对 1990—2010 年国外发表的关于低频电磁场与乳腺癌发生的相关文献进行综合分析，探讨低频电磁场对人体乳腺癌的发生危险程度，为乳腺癌的危险因素论证和一级预防提供依据。

1. 研究摘要

目的：综合分析接触低频电磁场与女性患乳腺癌的相关性。

方法：分析 1990—2010 年发表的病例对照研究，选择质量效应模型根据研究结果和质量评分计算总的比值（*OR*），按照是否绝经、雌激素受体和暴露评估方式分组，分别进行亚组分析。

结果：所有 23 项研究的 *OR* 为 1.07，95% *CI* = 1.02 ～ 1.13，对雌激素受体阳性的子群，*OR* = 1.11，95% *CI* = 1.03 ～ 1.20；绝经前组的 *OR* = 1.11，95% *CI* = 1.00 ～ 1.23。其他亚组分析结果表明低频电磁场与女性乳腺癌之间没有统计学关联。

结论：ELF-EMFs 可能会增加女性患乳腺癌的风险，特别是对绝经前和 ER^+ 的女性。然而，由于当前研究在暴露评估等方面的局限，有必要进行设计更好的流行病学研究去验证 ELF-EMFs 与女性乳腺癌之间是否存在相关性。

2. ELF-EMFs 与女性乳腺癌的研究现状

ELF-EMFs 是频率为 0 ～ 300 Hz 的电磁场，主要在输电线路、电力设备和电器中产生。自从 Wertheimer 和 Leeper 于 1979 年发表的流行病学研究中提示 ELF-EMFs 与患儿童白血病可能存在关联后，ELF-EMFs 与患其他肿瘤的关联性也得到广泛的讨论，如脑肿瘤、成人白血病、乳腺癌等。乳腺癌是女性最常见的恶性疾病，其发病率还在不断上升。1987 年，Stevens（1987）发现 ELF-EMFs 和夜间可见光（大约 1 015 Hz）可能会增加患乳腺癌的长期风险。到目前为止，世界各地众多学者研究了低频电磁场和乳腺癌之间的相关性。

在研究对象的选择方法上，目前的研究与之前的研究方法相似，常从癌症相关登记系统或医院的病例报告中选择。对照组的选择方式多样，一些研究的对照组选自其他癌症患者，一些研究对照组从居住在同一个地区的人群中随机抽取。对照组的选取往往考虑了年龄和性别等因素。然而，ELF-EMFs 与乳腺癌关联性研究的结果并未达成一致，这主要归因于暴露的评估方法以及暴露与非暴露组划分的依据的不同。而电磁场无处不在，因此每个人都不可避免的接触到一定程度的电磁场，尽管一些研究同时考虑了生活和职业中的接触，但由于暴露的复杂性，大多数研究的暴露评估只集中在生活习惯、居住环境或工作环境中的某一方面。暴露组通常依据以下标准进行评估：①是否使用电加热设备，如电热毯；②生活环境的暴露水平；③工作岗位或工作环境电磁场的测量和评估；④与高压电线的距离；⑤上述因素的综合考虑。

目前有两个研究者曾经对 ELF-EMFs 与女性乳腺癌的相关性进行了 Meta 分析。T. C. Erren 对 2000 年前病例对照研究和队列研究的 Meta 分析结果显示：女性接触电磁场合并后的 RR 为 1. 12（95% CI = 1. 09 ～ 1. 15），但是各研究之间结果的不一致，这种关联性的确定尚存在很多疑问（P = 0. 0365）。同时，T. C. Erren（2001）研究指出，一些研究方法可能会导致暴露评估或病例选择有误，这可能导致许多研究结果相矛盾。陈春海等（2010）对 2000—2009 年共 15 个病例对照研究的 24 338 个病例和 60 628 个对照进行了 Meta 分析。结果表明，接触 ELF-EMFs 和女性患乳腺癌风险的相关性没有统计学意义（OR = 0. 988，95% CI = 0. 898 ～ 1. 088），各亚组（不同暴露模式的亚组、绝经状态和雌激素受体状态）分析也得到了类似的结果。

大批来自世界各地的学者进行了关于 ELF-EMFs 暴露与女性乳腺癌相关性的大量研究，且 Meta 分析在这类研究中效果是显著的。鉴于陈春海只是总结了 2000—2009 年的文献，并不包括许多 2000 年前有重要意义的文献。因此，研究人员首先将对 1990—2012 年的文献进行 Meta 分析。其次，由于在统计分析中具有混杂因素，而且在不同的文献中划分暴露与非暴露、病例与对照的方法不同，我们的研究将从原文中摘录病例组和对照组中暴露和非暴露的人进行统计分析，而不是采用文献中校正后的 OR 或 RR 值。在大多数队列研究中，不同组的样本例数往往存在缺失的情况，因此本研究中只采纳了所有的病例对照研究去估算总的 OR 值。最后，如果使用传统的固定效应模型和随机的效应模型进行 Meta 分析，研究设计好的文献的重要性将不会在 Meta 分析中体现出来。考虑到不同的研究设计质量的差异性，研究使用质量效应模型进行 Meta 分析，从而给予更好研究设计的文献更多的权重，使结果更有说服力。

3. 材料与方法

（1）研究文献筛选。外文文献通过采用“breast cancer”、“breast neoplasm”和“electromagnetic fields”的同义词和近义词检索从 1990 年 1 月至 2012 年 12 月 PubMed、Medline、EMBASE 和 Hirewire 数据库关于研究 ELF-EMFs 与女性乳腺癌相关性的研究文献。根据以下条件选择研究对象：①文献是关于 ELF-EMFs 与女性患乳腺癌的关联性的人群流行病学研究；②文献必须提供样本量的大小、病例组和对照组中的暴露和非暴露的人数；③文献的语言限制为英语。当多个文献报告了相同或重叠的数据，我们则选择时间最近的或人口数量较大的文献。

（2）数据采集与质量评估。暴露评估方法往往是导致 ELF-EMFs 暴露与女性乳腺癌之间相关性研究结果差异最重要的原因。本研究中涉及的文献，对 ELF-EMFs 的暴露评估往往是通过调查电热毯等设备的使用情况、岗位名称、住房离高压线距离、居住环境电磁场水平测量和评估、工作环境电磁场水平测量和评估等进行。对于通过测量和计算对暴露进行评估的研究，研究人员通常使用最低剂量暴露组来作为参照计算 *OR* 值，例如0.1 μT、0.2 μT 暴露水平在不同的研究中被作为最低暴露组的临界值。在该 Meta 分析中，最低暴露剂量组作为参照组，其他组合并作为暴露组去计算总的 *OR* 值。在选择病例组和对照组时，所有研究文献都指出其研究已考虑年龄和地区的影响，很多混杂因素在统计分析时进行了考虑（例如年龄、吸烟、饮酒、种族、绝经情况以及雌激素水平）。因此，本研究摘取了各研究病例组和对照组中暴露和非暴露的样本数进行 Meta 分析，而不是采用各研究文献中调整的 *OR* 值或 *RR* 值。

两名研究人员分别阅读和分析文献，将文献中的重要信息提炼出来。他们提取的重要信息包括：作者、发表年份、研究对象的国家、对照组和暴露组的样本量和选择方法、暴露水平的评估方法、对照组和暴露组的匹配因素、研究年份、*OR* 值和 95% *CI* 值。如果由两名研究人员进行分析的结果不一致，他们会通过讨论解决。

ELF-EMFs 暴露与女性乳腺癌相关性研究的研究方法常不同，特别是在评估以及区别暴露与非暴露时。考虑到一些研究方法设计更完善，本研究在 Newcastle-Ottawa 的评分系统基础上，建立了病例对照研究的质量评价方法。所有研究文献从病例和对照选择方法、病例和对照可比性以及暴露评估方法三个方面共 10 个指标进行评估。该质量评分标准如表 2 – 16 所示，其中每个指标被赋予 1 分，满分为 10 分。两位研究人员分别对所有文献进行质量评估和评分。如果结果有争议，则通过讨论解决。

（3）统计分析。利用 Microsoft Excel 整理初始数据，并建立一个数据库。每一项研究的质量指数等于每一项研究总的质量得分除以 10。然后利用 Meta XL 1.3 版质量效应模型对数据进行分析，并计算出总的 *OR* 值和 95% 置信区间，最后评估 ELF-EMFs 暴露与女性乳腺癌之间相关性。Meta XL 创造了被称为质量效应模型的程序，明确地处理研究质量不同所导致的异质性。该模型是固定效应方差倒数法的改进，它允许给予高质量研究文献更多的权重。考虑到暴露评估方法的不同，我们对不同暴露情况分组（职业暴露组、居住暴露组、电热毯暴露组以及考虑多因素暴露组）按质量效应模型进行了亚组 Meta 分析。考虑激素对乳腺癌的影响，也进行了绝经状态与雌激素受体（ER）状态的亚组分析。异质性假设是基于 Q 检验与 I^2 统计量的卡方值，如果 Q 检验的 $P < 0.10$，则拒绝 H0，差异有统计学意义。发表偏倚以每个研究的 *OR* 值作为横坐标，标准误差（*SE*）作为纵坐标绘制倒漏斗图进行分析判定。

表 2 – 16　质量评分标准

评估项目	质量标准	质量分数
1　选择		0 ～4
1.1　病例的选取条件是否充分	要求一些特别的验证，即去提取信息的人/记录/时间/步骤 > 1 项被验证，或参考原始记录源如 X 线诊断、医疗中心或医院的记录 = 1	

续表 2-16

评估项目	质量标准	质量分数
	记录链接（如数据库中的国际疾病分类码）或没有参考最初记录的自我报告，或没有描述 =0	
1.2　病例的代表性	病例是连续的，具有很好代表性的系列［所有有意义结果的入选病例满足界定在某段时间、某个集中的地区、某家医院、诊所、某组医院、健康维护组织，或是这些病例的适当的样本（随机样本）］ =1	
	不满足上述要求，或未说明 =0	
1.3　对照的选取	社区对照：对照和病例来自同一群体，对照如患病，他也将成为病例社 =1	
	医院的对照，和病例来自同一个群体（如同一个城市），但是来自住院人群或没有描述 =0	
1.4　对照的界定	如果病例是首次出现结果，它必须清楚地说明对照从来没有出现过这个结果。如果病例是新出现的结果，以前出现结果的对照不应该被排除 =1，没有提及 =0	
2　可比性		
病例和对照的设计或分析方面可比性	控制年龄和地区的病例对照研究 =1	
	没有控制年龄和地区的对照研究 =0	
	控制遗传因素的对照研究 =1	
	没有控制遗传因素的对照研究 =0	
3　暴露		
3.1　确定暴露	通过测量或严格的计算进行暴露评估 =1	
	通过问卷或者没有说明如何进行暴露评估 =0；包含环境、生活以及职业暴露的暴露评估 =1	
	仅包含生活或者工作的一方面，例如电加热设备的使用，工作职责以及高压输电线的距离的暴露评估 =0	
3.2　病例组和对照组的确定方法一样	是 =1	
	否 =0	
3.3　无应答率	两组相同的比例 =1	
	没有调查对象描述，或率不同，或没有指定 =0	
总　分		0～10

4. 研究结果

本研究共搜集了 24 篇病例对照研究和 16 篇队列研究文献，在大多数队列研究中，不同组的具体样本数不详，因此研究人员没有考虑任何队列研究来计算总的 *OR* 值。24 篇病例对照研究文献中，2 篇是对其他研究的评论，1 篇文献包含了 2 个研究。最终研究人员对符合纳入标准的 22 篇文献共 23 个病例对照研究进行 Meta 分析。所有符合条件的研究如表 2－17 所示。在 23 个病例对照研究中，7 个研究有关于雌激素受体的信息，9 个研究对绝经状态进行了调查。在本研究中，有 8 个研究是通过调查电加热装置，例如电热毯的使用情况，7 个研究通过职业史，5 个研究通过居住环境暴露水平，2 个研究通过测量和计算生活和工作环境的暴露水平进行暴露评估。在 23 个研究中，有 16 个研究来自美国，3 个来自瑞典，2 个来自挪威，还有 2 个分别来自加拿大和中国台湾地区。依据病例的选择，其中 14 个研究从癌症登记处确定病例，其他研究病例从医院或其他队列研究进行选择。19 项研究根据驾驶执照记录、电话号码清单等对居民进行随机抽样选取对照，其余 4 项研究从其他癌症或疾病患者中选择对照，暴露和对照往往从年龄和生活地区进行了匹配。

表 2－17　23 项关于 ELF-EMFs 暴露与女性患乳腺癌病例对照研究的总结

序号	第一作者名、发表时间及国家或地区	病例组	对照组	暴露评估方法测量	病例对照研究的匹配因素	研究时间	*OR* (95% *CI*)	评分
1	J. E. Vena (1991)，美国	378 名已绝经妇女，来自于纽约西部的乳腺癌研究	438 名对照从社区中随机选择	使用电热毯的频率和方式	年龄、地区	1987—1989	0.89 (0.67, 1.19)	
2	D. P. Loomis (1994)，美国	27 882 名女性乳腺癌病例，死亡前在 24 个州居住满 20 年及以上	110 949 名随机对照来自于其他原因死亡的女性病例，同时排出白血病和脑瘤	岗位名称	死亡年、年龄、地区	1985—1989	1.36 (1.03, 1.79)	6
3	J. E. Vena (1994)，美国	290 名未绝经女性，在尼亚加拉和伊利地区医院住过院	289 名对照，居住在同一地区，通过纽约驾照名单记录随机抽样	电热毯使用情况	年龄、地区	1986—1991	1.14 (0.81, 1.59)	5
4	P. F. Coogan (1996)，美国	6 888 名病例，从 4 个癌症登记系统被报告为乳腺癌的 4 个州的女性居民	9 529 名对照从州驾驶证名单和健康保险电话号码册随机抽取	岗位名称	年龄、地区	1988—1991	1.00 (0.90, 1.11)	7
5	Li C-Y (1997)，中国台湾	1 980 名病例，来自中国台湾地区癌症登记中心的台湾北部居民	1 880 名对照为随机选取的患有非磁场暴露相关癌症的女性患者	居住环境磁场的检测和评估	年龄、诊断日期	1990—1992	1.10 (0.93, 1.31)	5
6	F. P. Coogan (1998) 美国	259 名病例为马萨诸塞州癌症登记报道的 5 个镇的永久居民	738 名对照同为镇上居民，通过随机数字表从医疗保险和死亡登记中选取	电热毯、电加热设备、职业史和居住史	年龄、地区	1983—1986	0.99 (0.74, 1.33)	7

续表2-17

序号	第一作者名、发表时间及国家或地区	病例组	对照组	暴露评估方法测量	病例对照研究的匹配因素	研究时间	*OR* (95% *CI*)	评分
7	Gammon (1998)，美国	1 645 名病例来自于 3 个有癌症登记地区之一的居民	1 498 名对照通过随机数字表获得	电热毯使用情况	年龄、地区	1990—1992	1.06 (0.92, 1.22)	6
8	M. Feychting (2000)，瑞典	669 名病例来自于瑞典癌症登记的记录链接	669 名对照随机选取于被研究数据库	通过理论计算家里的磁场	年龄，生活在同一个教区且与高压线距离相同	1960—1985	1.14 (0.86, 1.51)	6
9	Zheng (2000)，美国	608 名病例曾在耶鲁—纽黑文医院做过乳腺相关手术的托尔兰居民	609 名对照做过乳腺相关手术，并被确定为正常组织或良性肿瘤	电热毯使用情况	年龄、地区	1994—1997	0.86 (0.69, 1.09)	5
10	J. A. McElroy (2001)，美国	1 949 名病例选取于马萨诸塞州、罕布什尔州和威斯康星州的癌症登记系统	2 498 名对照从人群名单随机选取	电热毯和电热被子的使用情况	年龄	1994.6—1995.7	0.97 (0.86, 1.09)	6
11	Wijngaarden (2001)，美国	843 名病例来自于北卡罗来纳州癌症登记中心	773 名对照随机抽取于汽车部门和卫生保健财务管理名单	通过测量和调查获得累计磁场暴露强度	年龄、种族	1993—1995	0.94 (0.76, 1.16)	7
12	S. Davis (2002)，美国	813 名病例来自于 Fred Hutchinson 癌症研究中心癌症随访系统	793 名对照通过随机数字表从居民中抽取	在家中测量，家用电器自我报告测量	年龄、地区、种族	1992.11—1995.3	0.99 (0.77, 1.28)	7
13	G. C. Kabat (2003a)，美国	1 323 名病例来自于长岛乳腺癌研究项目 (LIBCSP) 的卫生保健财务管理 (HCFA) 材料	1 362 名对照来自于 LIBCSP，通过随机数字表从居民卫生保健财务管理名册抽取	电热毯的使用情况	年龄、地区	1996.8—1997.8	1.11 (0.94, 1.30)	6
14	G. C. Kabat (2003b)，美国	666 名病例来自于长岛电磁场与乳腺癌研究项目 (EBCLIS)	1 557 名对照也随机抽取于该研究	电热毯的使用	年龄、地区	1996.8—1997.8	0.97 (0.76, 1.23)	5
15	E. R. Schoenfeld (2003)，美国	576 病例来自于 EBCLIS	585 名对照随机抽取于 EBCLIS	室内电磁场的检测，高压线的布线图	年龄、地区	1996.8—1997.6	1.03 (0.82, 1.30)	7

续表 2-17

序号	第一作者名、发表时间及国家或地区	病例组	对照组	暴露评估方法测量	病例对照研究的匹配因素	研究时间	*OR* (95% *CI*)	评分
16	J. Kliukiene (2003)，挪威	99 名乳腺癌病例来自于挪威女性无线电和电报工作员的队列研究	396 名对照也来自于该队列研究	基于职业史和测量进行计算	年龄、地区	1961.1—2002.3	1.46 (0.78，2.70)	6
17	F. Labreche (2003)，加拿大	608 名病例来自于医院病理室和癌症登记处的记录	667 名患 32 种其他癌症患者为对照来自于同一医院	岗位名称	年龄、同一医院	1996—1997	1.22 (0.93，1.61)	5
18	S. J. London (2003)，美国	347 名病例来自于加利福尼亚洛杉矶肿瘤登记数据	286 名对照随机抽取于这个数据中没有乳腺癌的队列	布线配置编码	年龄、地区和种族	1993—1999	1.26 (0.87，1.83)	8
19	K. Zhu (2003)，美国	304 名病例来自于田纳西州 3 个城市之一，通过田纳西州癌症报告系统确定	305 名对照通过随机数字表选取	电热毯使用	年龄、地区和种族	1995—1998	1.49 (0.99，2.23)	6
20	J. Kliukiene (2004)，挪威	1 830 名病例来自于挪威生活在高压线附近的女性队列	3 658 名对照随机抽取于该队列	居住暴露按照高压线，职业暴露按岗位及磁场检测，最后求得时间加权平均	年龄、地区	1986—1996	1.53 (1.28，2.85)	9
21	U. M. Forssen (2000)，瑞典	440 名病例来自于瑞典癌症登记，生活在高压线 300 米范围内	439 名对照一比一随机选取	通过高压线衡量居住暴露，通过工作岗位评估职业暴露	年龄、地区、房子类型和高压线	1960—1985	1.02 (0.78，1.35)	8
22	U. M. Forssen (2005)，瑞典	18 365 名病例来自于癌症登记	101 973 名对照从该系统随机选取	基于个体磁场测量的工作接触评估	地区	1976—1999	1.04 (0.99，1.08)	6
23	J. A. McElroy (2007)，美国	6 213 名病例来自于北卡罗莱纳州癌症登记中心	7 390 名对照来自于汽车部门名单以及医疗保险名册	工作岗位	年龄、地区	1970—2002	1.06 (0.99，1.14)	6

如图 2-8 所示 23 项研究中 16 项，占 69.57% 的研究的 *OR* 值大于 1，而其余 7 项研究的 *OR* 值小于 1。除了 J. Kliukiene（1994）和 D. P. Loomis（2004）等的研究结果具有统计学意义（*OR* = 1.53，95% *CI* = 1.28 ～2.85），研究人员没有发现任何具有统计

学差异的研究。在本研究中，23 项病例对照研究的结果通过质量效应模型分析显示了 ELF-EMFs 和女性患乳腺癌有关联性（OR = 1.07，95% CI = 1.02 ～ 1.13）。对各亚组进行 Meta 分析，各组接触电磁场女性患乳腺癌风险，雌激素受体阳性的亚组 OR = 1.11，95% CI = 1.03 ～ 1.20；雌激素受体阴性亚组 OR = 0.96，95% CI = 0.84 ～ 1.10；绝经前组 OR = 1.11，95% CI = 1.00 ～ 1.23；绝经后组 OR = 1.02，95% CI = 0.95 ～ 1.09；电热毯暴露组 OR = 1.03，95% CI = 0.95 ～ 1.12；职业暴露组 OR = 1.08，95% CI = 1.00 ～ 1.15；居住暴露组 OR = 1.09，95% CI = 0.97 ～ 1.22；多种暴露评估组 OR = 1.35，95% CI = 0.97 ～ 1.89。

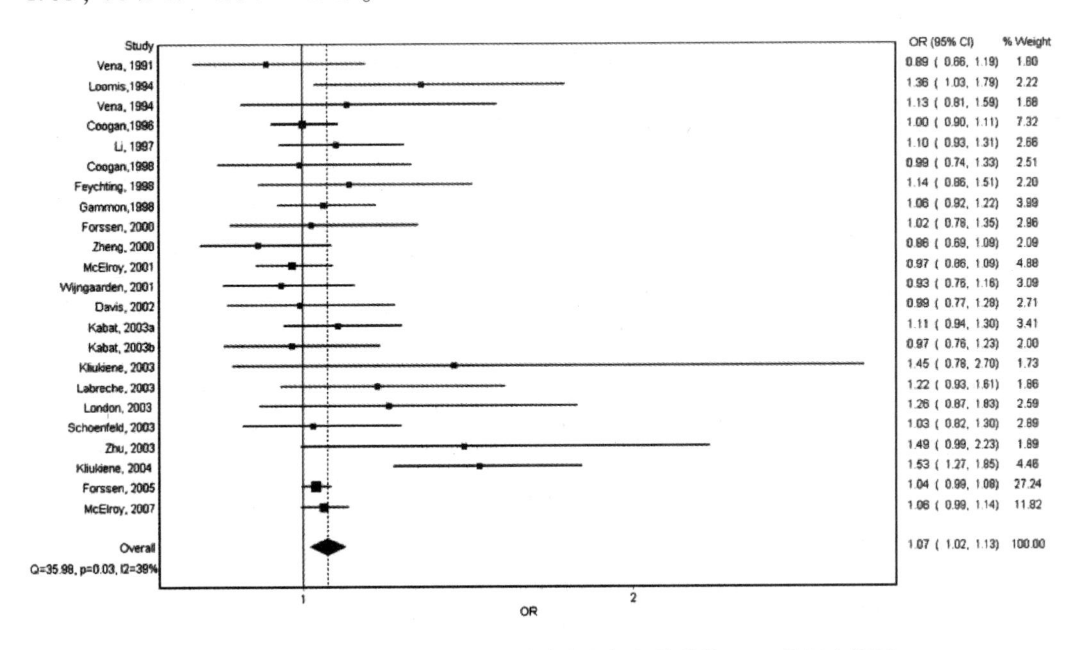

图 2－8　ELF-EMFs 暴露与女性乳腺癌之间相关性的 Meta 分析森林图

如表 2－18 所示，通过对所有组进行异质性检验，$P < 0.1$，$I^2 = 39\%$，这提示差异是有统计学意义的，虽然差异不大。对于所有的亚组，除了多种暴露组异质性有统计学差异（$P < 0.1$，$I^2 = 82\%$），其他组的差异是没有统计学意义的（$P > 0.1$）。利用 Meta Xl 1.3 版软件绘制漏斗图并进行线性回归分析，图 2－9 给 0 出了数据的分布，两侧几乎是对称的，表明偏置较小。

表 2－18　ELF-EMFs 暴露与女性乳腺癌风险的 OR 值与 95% CI 值

分　组	研究数量	OR	95% CI	P^{**}	P
所有研究*	23	1.07	1.02 ～ 1.13	0.03	39%
暴露模式					
电热毯暴露	8	1.03	0.95 ～ 1.12	0.27	21%
职业暴露*	7	1.08	1.00 ～ 1.15	0.24	25%

续表 2 - 18

分组	研究数量	OR	95% CI	P**	P
住宅暴露	5	1.09	0.97 ～ 1.22	0.83	0%
多因素暴露	2	1.35	0.97 ～ 1.89	0.02	82%
雌激素 ER					
ER +*	7	1.11	1.03 ～ 1.20	0.85	0%
ER -	7	0.96	0.84 ～ 1.10	0.54	0%
绝经状态					
未绝经*	9	1.11	1.00 ～ 1.23	0.24	22%
绝经	9	1.02	0.95 ～ 1.09	0.60	0%

注：* $P<0.05$，** P 为异质性检验值。

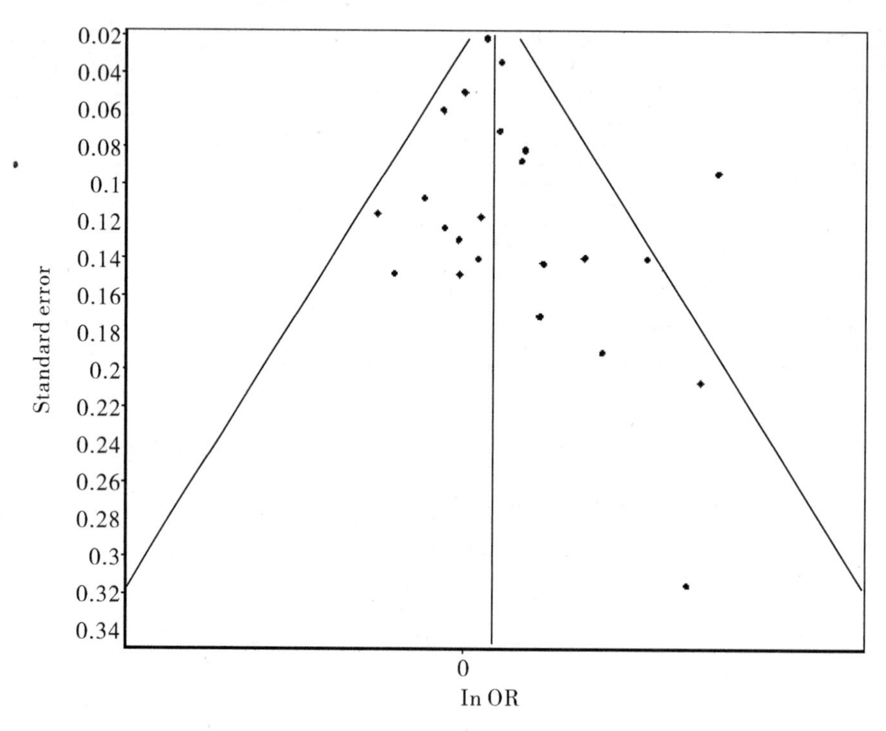

图 2 - 9　所选文章的发表偏倚漏斗图分析

5. 研究讨论

ELF-EMFs 暴露与女性乳腺癌之间的关联性一直是科学界存在争议的话题。动物实验研究表明，ELF-EMFs 暴露可能会增加癌症的风险。Loscher（1995）和其他学者利用 DMBA 在小白鼠身上诱导乳腺癌，并使用 50 Hz，0.2 ～ 1.0 mT、10 mT、50 mT 和 100 mT 电磁场照射小白鼠（24 h/d，照射 13 w）。结果发现，电磁场与癌症的发病率具有剂量—反应关系。然而，由于暴露的不确定性和其他混杂因素，例如在大部分流行病调查中病例组和对照组的暴露水平的信息是不确定的，因此，ELF-EMFs 的研究报告常常表现出不同的结果。

在本次 Meta 分析的研究中，R. E. Norman 等（2012）和 F. Labreche 等（2003）病例对照研究结果表明 ELF-EMFs 暴露与女性乳腺癌之间存在相关性，但是其他 21 组研究并没有提示这个结论。本次 Meta 分析全面分析了 23 项病例对照研究，分析了 ELF-EMFs 暴露与乳腺癌之间的相关性。除了多因素暴露组由于样本容量的限制，其异质性具有统计学意义外，其他组的异质性差异是没有统计学意义的。漏斗图的结果显示，所选文章的发表偏倚较小。通过质量效应模型，本次研究的结果表明合并后的 $OR=1.07$，95% $CI=1.02\sim1.13$，这表明乳腺癌的发生可能与接触 ELF-EMFs 有关。我们研究的结果与 T. C. Erren 等于 2001 发表的一篇 Meta 分析的结果接近，其 $RR=1.12$，95% $CI=1.09\sim1.15$。但是，因为每个研究结果不同甚至存在对立，T. C. Erren 认为由于最重要的研究方法问题，如暴露和病例划分发生错误，ELF-EMFs 暴露与女性乳腺癌相关的结论存在疑惑。陈春海等在 2010 年发表另外一篇关于 ELF-EMFs 暴露与女性乳腺癌之间关联性的 Meta 分析。结果表明，它们不存在相关性（$OR=0.988$，95% $CI=0.898\sim1.088$）。对比两次研究，本研究已经涵盖从 1990—2012 年的文献以及采取最低暴露组（大部分接近于 0 暴露）作为无暴露组。不同于以往研究采用固定效应模型和随机效应模型进行 Meta 分析，本研究采用质量效应模型的方法，充分考虑了研究设计可靠的文章的权重。当然，从选定的 23 项研究的质量得分看，暴露评估仍然是影响研究准确性和可靠性的最重要因素。

到目前为止，人们普遍接受的是，还没有研究表明 EMFs 直接影响身体，对健康产生慢性的影响。EMFs 与环境、机体以及其他因素的相互作用已经成为当前健康相关问题的研究热点，特别是 EMFs 是否导致癌症。许多研究表明，与乳腺癌发生及发展密切相关的是雌激素、褪黑激素和其他激素。正如前面所讨论的，Girgert 等（2008）将人类乳腺癌细胞的雌激素受体暴露于 EMFs，证实了其辅酶因子的表达发生了变化。本研究通过分析 9 项绝经前和 9 项绝经后的病例对照研究分别探讨 ELF-EMFs 暴露和乳腺癌的关系。通过分层分析，绝经前亚组 $OR=1.11$，95% $CI=1.00\sim1.23$，而绝经后亚组 $OR=1.02$，95% $CI=0.95\sim1.09$。对 7 个有雌激素受体信息的研究进行了分析，雌激素受体阳性（ER+）亚组 $OR=1.11$，95% $CI=1.03\sim1.20$；雌激素受体阴性（ER-）亚组 $OR=0.96$，95% $CI=0.84\sim1.10$。这些结果提示我们，对于绝经前亚组与 ER+ 亚组，乳腺癌的发生可能与 ELF-EMFs 暴露相关。然而，对于绝经后亚组与 ER- 亚组，并没有明显的相关关系。本研究的结果与 Girgert 等的研究结果一致。这将会给予我们更大的信心对 ELF-EMFs 暴露是否通过影响体内激素从而导致癌症的发生以及其发生机制做进一步的研究。

在流行病学研究中，ELF-EMFs 暴露与乳腺癌关系的研究结果主要受暴露评估的影响。在 23 项研究中只有 2 项同时考虑了居住和工作环境，其余的研究只注重生活或工作的某一方面，例如使用电加热设备的使用（如电热毯）、岗位名称以及与高压线的距离等。众所周知，由于电力设备的广泛应用，EMFs 可以说是无处不在。要将所有的工作和居住环境纳入考虑确实是一件困难的事情，但如果只考虑某一个方面，暴露评估明显是不足够的。本 Meta 分析对于职业暴露组的分析具有统计学差异的结果与 T. C. Erren 的研究结果是一致的（$OR=1.08$，95% $CI=1.00\sim1.15$）。本 Meta 分析研究，特别是两个做了更全面的暴露评估研究的 Meta 分析，其 $OR=1.35$，95% $CI=0.97\sim1.89$，尽管没有统计学差异，其 OR 值的较高水平提示，可以通过提高病例和对照选择以及暴露评估的准确度和可靠性，从而更好地研究 ELF-EMFs 暴露与乳腺癌发生的相关性。本研究建议未来在这一领域多开展类似的研究。

根据本研究结果，作者认为 ELF-EMFs 暴露可能是导致乳腺癌发生及发展的一个危险因素，特别是对于绝经前和 ER + 的女性。目前，大多数研究在暴露评估与分组存在一定的缺陷，因此，需要有更全面和准确的暴露评估的研究去进一步明确 ELF-EMFs 暴露与乳腺癌发生之间的关系，尤其是 ELF-EMFs 暴露和雌激素、褪黑激素或其他激素与乳腺癌发生的联合作用。

三、低频电磁场对颅内肿瘤产生的影响

近年来，颅内肿瘤的发病率呈上升趋势。据统计，颅内肿瘤的发生约占成年人全身肿瘤发生的 5%，占儿童肿瘤发生的 70%，是威胁青少年儿童健康不可忽视的危害因素之一。ELF-EMFs 暴露与颅内肿瘤发生的关联性也是近年来的研究热点之一。针对 ELF-EMFs 暴露与各种脑肿瘤的发生可能具有相关性，国内外学者也开展了大量流行病学调查，但是所得的结果并不一致。

Villeneuve 等（2003）对 543 例被诊断患有恶性脑肿瘤的患者所做的病例—对照研究发现，工作于平均磁场强度为 0.6 μT 以上的男性工人与工作于平均磁场强度 0.3 μT 以下的男性工人相比，前者患脑肿瘤的危险性增加，且患多形性成胶质细胞瘤的危险性最高，OR 值达到 5.36（95% $CI=1.16\sim24.78$），但是星形细胞瘤或其他类型脑瘤与磁场暴露相关性无统计学差异。Klaeboe 等（2005）在对挪威的一个人群进行流行病学调查时发现，暴露于 0.3 μT、50 Hz 的电磁场及脑肿瘤的发生具有一定的相关性，在居室暴露人群中得到阳性结果，但在职业暴露人群中却得到阴性结果。Navas 等（2002）所做的队列研究中未发现脑脊膜瘤的发生与 ELF-EMFs 暴露有关。Baldi 等（2010）研究表明，职业接触电磁场患脑膜瘤 $OR=1.52$ 住宅附近的电力线（ <100 m）的脑膜瘤 OR 值为 2.99，但差异均无统计学意义。C. Johansen（2007）和 R. A. Kleinerman 等（2005）所做的数据表明差异无统计学意义，ELF-EMFs 暴露与各种脑肿瘤的发生不具有相关性。如表 2－19 所示。

表 2－19　参考文献详细状况

参考文献	研究对象	暴露条件及时间	研究指标	研究结果
P. J. Villeneuve 等（2002）	543 名病例，1∶1 配对	职业暴露（ <0.3 μT、0.3 ～ 0.6 μT、>0.6 μT ）	颅内肿瘤的 OR 值	职业暴露与多形性成胶质细胞瘤的发生有关（$P<0.02$，$OR=5.36$）；与星形细胞瘤及其他脑肿瘤无关

续表 2－19

参考文献	研究对象	暴露条件及时间	研究指标	研究结果
L. Klaeboe 等（2005）	454 名病例，1:2 配对	居住暴露职业暴露（>0.1 μT）	脑肿瘤的 *OR* 值	在居室暴露人群中得到阳性结果（*OR*＝1.6；95% *CI*＝0.9～2.7）；在职业暴露人群中得到阴性结果
Navas（2002）	瑞典 2 859 名神经胶质瘤与 993 名脑膜瘤患者的队列研究	职业暴露（0～0.3 μT）	神经胶质瘤与脑膜瘤的 *RR* 值	无统计学意义
Ruth A. Kleinerman（2005）	410 名神经胶质瘤、178 名脑膜瘤与 90 名听神经瘤患者作为病例组，686 名对照	职业暴露	脑肿瘤的 *OR* 值	无统计学意义 *OR*＝10.9，95% *CI*＝2.3～50
Joseph B. Coble（2010）	489 名神经胶质瘤与 197 名脑膜瘤患者作为病例组，799 名对照	职业暴露	脑肿瘤的 *OR* 值	无统计学意义

四、低频电磁场对其他肿瘤的影响

一些研究结果还表示，低频电磁场暴露与其他肿瘤的发生可能存在关联。

1. 淋巴瘤

Wartenberg 等（2001）用 Meta 分析把 2001 年前的 19 项关于居住在电力设备附近与儿童癌症之间关系的研究进行分析，结果表明接触低频磁场与儿童发生淋巴瘤的风险并不存在联系，*RR*＝1.58（95% *CI*＝0.91～2.76）。但 Karipidis 等在 2006 年的一项研究显示职业接触工频电磁场可以增加非霍奇金淋巴瘤的发生风险，高接触组的 *OR*＝1.48（95% *CI*＝1.02～2.16）。Fan（2006）对暴露于 25 mT、60 Hz 的磁场中的三代 CFW 小鼠进行观察，发现小鼠淋巴增生、恶变、早期淋巴瘤及至恶性淋巴瘤的变化。

2. 黑色素瘤

Behrens 等（2010）在挪威进行的一项以居住在高压输电线周围的人群为基础的研究发现，女性恶性黑色素瘤的发生与居住环境接触≥0.2 μT 的工频电磁场有关，*OR*＝2.68（95% *CI*＝1.43～5.04）。而同样强度工频电磁场对男性黑色素瘤的发生影响不大，*OR*＝1.37（95% *CI*＝0.77～2.44）。但是，目前的研究并没有发现职业与居住环境的联合暴露会增加黑色素瘤的发病风险。

3. 神经母细胞瘤

Anneclaire 等（2001）研究子代神经母细胞瘤发生率与父母在电磁场和辐射源职业暴露之间的关系中表明，母亲（*OR*＝2.8，95% *CI*＝0.9～8.7）和父亲（*OR*＝1.6，

95% CI = 0.8 ～ 3.2）职业暴露与子代母细胞瘤相关性均无统计学意义。

4. 前列腺癌

Luenda 等（2003）研究发现前列腺癌死亡率与电磁场暴露水平存在正相关关系。Cornelia 等（2002）对睾丸癌患者所做的病例—对照研究发现，电磁场暴露并非睾丸癌的危险因素。

5. 内分泌腺肿瘤

Hakansson 等（2005）做的病例—对照研究指出，对暴露于高强度电磁场中的焊接工人来说，其内分泌腺发生肿瘤的危险性增加，肾上腺肿瘤和垂体肿瘤的发生可能与电弧焊有关，副甲状腺肿瘤的发生可能与电弧焊和电阻焊有关。Rajkovic 等（2006）把大鼠暴露于 50 Hz 100 ～ 300 μT 的低频电磁场中 3 个月，并没有发现有甲状腺肿瘤的发生。截至目前，人们还无法确定多大的电磁场强度和时间会导致病甲状腺肿瘤的发生。

6. 骨瘤

Kerstin Hug 等（2009）对儿童暴露在低频电磁场患骨瘤、软组织肉瘤、Willms' 瘤、成神经细胞瘤的病例—对照研究发现，除 Willms' 瘤外，其余都具有相关性。

五、小结

ELF-EMFs 本质上是一种感应场，它可以使身体内产生较弱的感应电流。然而，这种感应场既不能打断 DNA 链，也不能加热组织，即使低强度电磁场对健康存在危害，这种危害也是目前不为人知的某种生理机制所导致的。ICNIRP 认为，有关 ELF-EMFs 为潜在致癌性的信息尚不足以用来确定具体的接触限值。世界卫生组织将 ELF-EMFs 作为可疑致癌物，其依据中所指的可能引起儿童患白血病的磁场强度非常低，远低于欧美国家的有关标准限值，也远低于目前我国有关规定的限值。因此，即使其不超标也不能说它就绝对不存在健康危害性。

关于 ELF-EMFs 暴露与肿瘤发生的相关性，国内外研究的结果仍存在着不一致性，结论存在很大争议。现有的研究结果表明，ELF-EMFs 还不能明确定位为致癌、促癌或是诱癌，其人类致癌性证据并不充分，但同时现有的研究结果并不能排除 ELF-EMFs 暴露而导致肿瘤发生的可能性。居住环境 ELF-EMFs 暴露与儿童肿瘤发生（主要是白血病）的研究开展得最深入，结论也较一致；职业 ELF-EMFs 暴露引起成人白血病与脑肿瘤发病危险性增高的研究结果也一定程度上提示 ELF-EMFs 与肿瘤发生的相关性。此外，对于电磁场暴露与乳腺癌发生的关系也尚无定论。有研究报告指出工作于电磁场强度高的环境下其工人体内褪黑激素水平降低，而褪黑激素对乳腺癌的发生具有保护作用，因此有理论假设认为暴露于 ELF-EMFs 而引起夜间褪黑激素的改变，最终导致乳腺癌的发生。而关于患其他肿瘤是否与 ELF-EMFs 暴露有关，虽然有研究表明 ELF-EMFs 暴露会增加患其他肿瘤的风险，但是，同时也有部分研究表明其他肿瘤的发生与 ELF-EMFs 暴露无关，甚至还有部分研究表明低剂量的 ELF-EMFs 暴露可能会抑制某些肿瘤的发生。因此，ELF-EMFs 暴露是否导致其他肿瘤的发生并没有一致明确的结论。

然而，由于目前流行病学研究本身的缺陷，一是人们普遍暴露在 ELF-EMFs 中，在选择分组时只存在较高暴露人群和较低暴露人群，而不存在“完全非暴露人群”；二是研究中大多没有考虑其他已知的可能致癌因素的联合作用；三是流行病学本身存在一定的偏倚，且样本含量不够大，无法得到令人信服的结论。上述因素使得 ELF-EMFs 暴露与肿瘤发生是否存在相关性仍需进行更深入的研究才能确定。随着科学技术水平的提高、电力事业以及社会经济的快速发展，环境中 ELF 电磁辐射已超过了自然界中的几个数量级，如日常家用电器（例如计算机显示器、电视机、电灯、电热毯、微波炉等）及职业接触的工频电磁场（50 Hz 或 60 Hz，电力传输线或电力设施如配电所、电线、高压输电线路等），使得人们无时无刻都可能暴露于 ELF-EMFs，基于 ELF-EMFs 暴露的普遍性与广泛性，即使其有使肿瘤发生率轻度增高的可能性，其社会意义也是极大的，同时进一步研究也变得更为迫切。另一个值得我们注意的问题是：是否存在对 ELF-EMFs 敏感的人群。此外，儿童、妊娠期妇女和生育期男性均是一个值得关注的群体，前者由于其处于发育过程中，环境因素损伤的后果更严重，后两者则旨在减少和避免 ELF-EMFs 的遗传敏感效应。

ELF-EMFs 暴露对肿瘤的影响无疑将继续是公众所关心的话题，而人与 ELF-EMFs 间的相互作用是极其复杂的。我们今后一方面应加强 ELF-EMFs 与其他职业危害因素或环境因素联合作用的流行病学研究，进一步观察其可能的协同效应；另一方面应开展更加深入细致的实验室研究，明确 ELF-EMFs 所致生物效应的生理机制，从而揭示出 ELF-EMFs 与肿瘤的真实关系。

第九节　低频电磁场的细胞生物学效应

电磁场已经成为最普遍的环境影响因素之一，如同工业发展可能引起各种环境污染或导致环境破坏一样，电磁辐射的环境问题也越来越严重地呈现在人们的面前。生物体是由细胞组成，生物体的生理功能都是由细胞之间相互协作，共同参与完成。细胞的结构、功能和信号转导直接决定了机体的生理功能，细胞的增殖和分化异常与健康密相切相关。在动物组织和细胞的实验室研究中发现，电磁场可影响组织细胞的离子流向、细胞间信号的传导，干扰 DNA 的合成及 RNA 的转录，影响细胞的增殖与分化，也干扰癌细胞在生物医学方面的动力学。

一、低频电磁场对细胞结构与功能的影响

细胞是由细胞膜包围的原生质团，通过质膜与周围环境进行物质和信息交流，细胞是构成有机体的基本单位。生命活动的基础是细胞内高度有序的动态复合体系，在亚细胞水平将细胞结构大致归纳为三大结构体系：由蛋白质与核酸构建的遗传信息结构体系（包括染色体、核仁、核糖体）、由蛋白质与脂类构建的膜结构体系（包括细胞膜、核膜与各种细胞器膜）、由蛋白质与蛋白质构建的细胞骨架体系（包括细胞质骨架和核骨架）。当这些结构体系受到影响，就会使细胞的正常功能发生改变导致机体出现异常。

Li 等（2003）报道单独电磁场暴露（50 Hz，0. 8 μT/1. 6 μT，24 h）不会抑制星形

胶质细胞的间隙交换功能，但磁场强度增加，磁场对细胞间隙交换功能有增强抑制的趋势。邱联波等（2011）将成年雄性 SD 大鼠随机分为假辐照组和辐照组［200 kV/m 200 次电磁脉冲（EMP）］，辐照组又按辐照后取材时间不同分为 0.5 h、1 h、3 h、6 h、12 h 等组，采用免疫组化法分析 EMP 辐照后额叶皮层中胶质纤维酸性蛋白（GFAP）表达情况。结果发现在 EMP 辐照后，GFAP 表达阳性的细胞，即星形胶质细胞数目增加，胞体增大，且 GFAP 含量增加，尤其是在 EMP 辐照后 3 h。GFAP 是一种分子量为 50 ～ 52 kDa 的酸性蛋白，属细胞骨架蛋白，是星形胶质细胞的标志蛋白，在星形胶质细胞中有丰富的、唯一的表达。各种中枢神经系统损伤均可引起星形胶质细胞反应，其标志是细胞数增加，细胞体肥大，细胞分支增多，并且 GFAP 的表达增强。由此可知，EMP 辐照会对大鼠的中枢神经系统造成损伤。

二、低频电磁场对细胞分化的影响

细胞分化是生物界普遍存在的生命现象，是生物个体发育的基础，经细胞分化，多细胞生物形成不同的细胞和组织。细胞分化就是由一种相同的细胞类型经过细胞分裂后逐渐在形态、结构和功能上形成稳定性差异，产生不同的细胞类群的过程。其结果是在空间上细胞之间出现差异，在时间上同一细胞和它以前的状态有所不同。从分子水平看，细胞分化意味着各种细胞内合成了不同的专一蛋白质（如水晶体细胞合成晶体蛋白，红细胞合成血红蛋白，肌细胞合成肌动蛋白和肌球蛋白等），而专一蛋白质的合成是通过细胞内一定基因在一定时期的选择性表达实现的。图 2－10 为细胞分化示意图。

目前多个研究均显示，电磁场会使细胞分化的时间提前并且使细胞分化的比例在一定程度上提高。L. Antonella 等（2006）研究了暴露在 50 Hz 的电磁场中的 AtT-20 D16V 细胞的分化情况。为了探讨暴露在这种电磁场中是否会对细胞的分化产生影响，他们采用 2 mT 的磁通量密度，分别监测细胞内的钙离子浓度、pH 值和开始分化的时间。用单细胞荧光显微镜扫描发现，暴露在电磁场中的细胞内的钙离子呈统计学意义上的增加，同时 pH 值下降。在利用扫描电子显微镜研究时发现，暴露在电磁场中的细胞比对照组的细胞提前开始分化。研究结果提示低频电磁场可能会扰乱人体细胞的正常分化。Y. Li 等（2002）报道电磁场可调节神经干细胞的定向分化，20 Hz、8 mT 和5 Hz、8 mT 两种电磁场暴露对神经元分化的促进作用不同。邢萱等（2004）为了解低频电磁场对新生大鼠脑神经干细胞神经元分化的影响，将新生大鼠中脑神经干细胞分别置于5 Hz 和 20 Hz 的低频正弦交变磁场（8 mT）中诱导分化。每天上午、下午各处理15 min，分别作用 1 d、5 d 和 10 d，并设立对照组。结果显示 5 Hz 和 20 Hz 的低频电磁场使神经干细胞的分化比例明显增加，并认为低频电磁场可以成为今后神经干细胞定向分化研究的重要手段之一。李志锋等（2010）研究发现 50 Hz，0.16 mT、0.18 mT 脉冲电磁场（PEMFs）可促进大鼠成骨细胞的分化，且这种作用存在较为敏感的“强度窗”效应。周建等（2010）的研究结果表明 50 Hz、0.9 ～3.0 mT 的正弦交变磁场（2.4 mT 除外）能抑制体外培养成骨细胞的增殖，还能促进其分化成熟与钙化，尤以 1.8 mT 效果最为明显。

刘朝阳（2010）通过研究电磁场对体外培养的大鼠骨髓间充质干细胞（BMSCs）

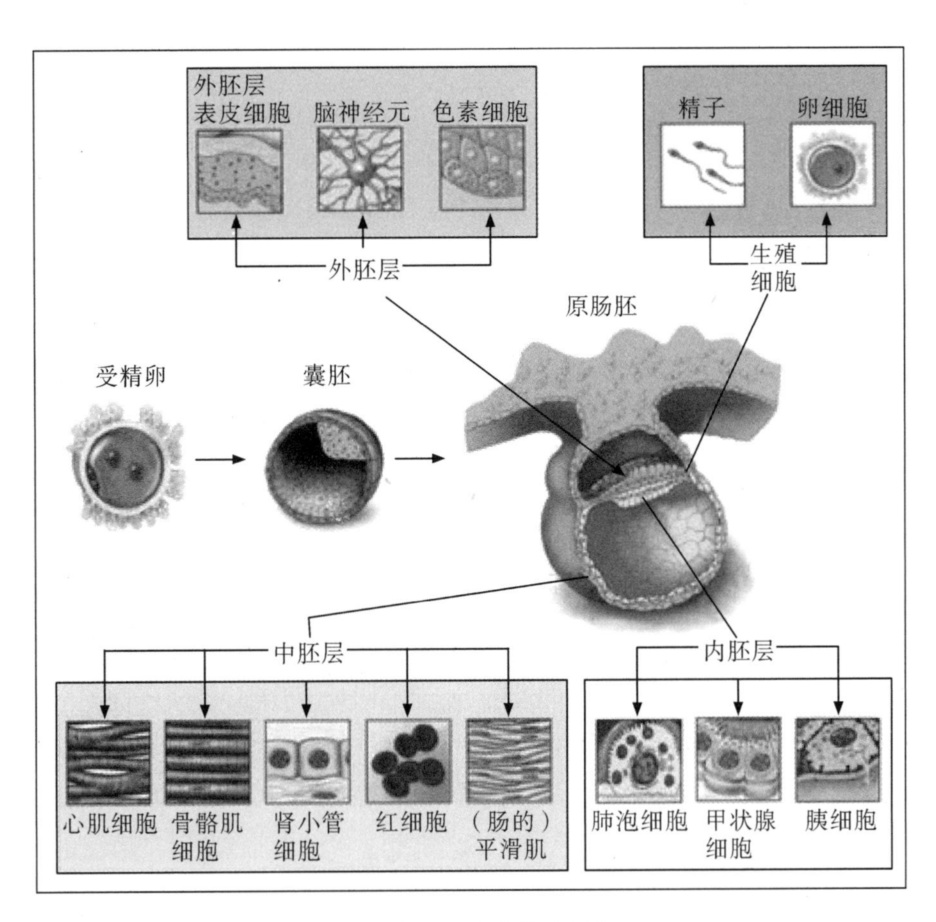

图 2 - 10　细胞分化示意图

成纤维细胞生长因子 - 2（FGF-2）和成纤维细胞生长因子受体 - 2（FGFR-2）mRNA 表达的影响，发现适当频率及作用时间的电磁场刺激可使大鼠骨 BMSCs FGF-2 和 FGFR-2 mRNA 表达明显增强。用 15 Hz、1.0 mT 电磁场刺激 BMSCs、FGF-2 mRNA 的表达于 10 min 时达最大值，而 FGFR-2 mRNA 的表达则于 30 min 时达最大值；在 50 Hz、1.0 mT 电磁场的刺激下，FGF-2 mRNA 的表达于 60 min 时达最大值，而 FGFR-2 mRNA 的表达则于 30 min 时达最大值；在 75 Hz、1.0 mT 电磁场的刺激下，FGF-2 和 FGFR-2 mRNA 的表达均于 30 min 时达最大值；在 1.0 mT 电磁场刺激 30 min 的条件下，50 Hz 暴露组 BMSCs 的 FGF-2 mRNA 的表达达最大值，75 Hz 暴露组 BMSCs 的 FGFR-2 mRNA 的表达达最大值。适当“窗口”的电磁场刺激对体外培养的大鼠骨髓间充质干细胞 FGF-2 和 FGFR-2 mRNA 的表达有明显的促进作用。

Piacentini 等（2008）将大鼠暴露于低频磁场（50 Hz、1 mT）的环境下，发现大鼠神经细胞活力下降，细胞分化的量显著下降。而 Di Loreto 等（2009）却得出相反的结论，他将大鼠暴露于低频磁场（50 Hz、0.1 ～10 mT）的环境下，发现低频磁场影响大鼠神经元细胞活力并使其凋亡率下降。

三、低频电磁场对细胞增殖的影响

细胞增殖是生物体的重要生命特征，是生物体生长、发育、繁殖以及遗传的基础。细胞以分裂的方式进行增殖，单细胞生物以细胞分裂的方式产生新的个体；多细胞生物以细胞分裂的方式产生新的细胞，用来补充体内衰老和死亡的细胞；同时，多细胞生物可以由一个受精卵经过细胞的分裂和分化，最终发育成一个新的多细胞个体。通过细胞分裂，可以将复制的遗传物质平均地分配到两个子细胞中去。真核生物的分裂过程有三种方式，即有丝分裂、无丝分裂、减数分裂。其中，有丝分裂是人、动物、植物、真菌等一切真核生物中的一种最为普遍的分裂方式，是真核细胞增殖的主要方式；减数分裂是生殖细胞形成时的一种特殊的有丝分裂。

近年来，认为电磁场对细胞有增殖作用，有关磁场促进创伤组织愈合的研究文献增多。例如，D. M. Simona 等（2008）人工培养的人类脐带内皮细胞暴露在 50 Hz、1 mT 的电磁场中 12 h 之后，发现电磁场促进了细胞的增殖，同时可以加速受伤细胞的愈合；对这些暴露细胞的蛋白质印记进行分析发现，低频电磁场促进细胞的磷酸化作用，并促进血管内皮生长因子接收器 2 的基因表达。D. M. Simona 等（2008）认为电磁场很可能从影响细胞生长因子和磷酸化作用方面来影响细胞的增殖。C. Grassi 等（2004）报道频率为 50 Hz、强度为 5 ～1 000 μT 的电磁场暴露 24 ～72 h 会增强人视网膜母细胞瘤 IMR32 细胞和大鼠垂体 GH3 细胞的增殖，并可抑制嘌呤霉素和过氧化氢诱导的 IMR32 细胞凋亡。但是，吕安林等（2001）在研究低频电磁场对兔动脉平滑肌细胞增殖作用的影响时发现，磁场作用时间大于 10 min 时，20 mT、40 mT 和 60 mT 的磁场对动脉平滑肌细胞的增殖均有显著的抑制作用，其中作用时间为 30 min、40 mT 的磁场对动脉平滑肌细胞增殖的抑制作用最显著。

另有报道，一定频率的电磁场能促进活细胞增殖及分化，刺激骨局部因子的产生，改善骨密度和生物力学特性，用于骨折延迟愈合、骨不连、骨质疏松症等骨科疾病的治疗。张晓军等（2006）采用不同强度、频率和占空比的低频电磁场作用于大鼠颅骨成骨细胞，并检测了成骨细胞的增殖与分化指标。发现低频电磁场的生物效应存在强度、频率、占空比“窗口”，频率为 15 Hz、磁感应强度为 5 mT、占空比为 15% 的低频电磁场可以显著提高成骨细胞的增殖率、降低其分化能力。但对于不同的细胞，低频电磁场对其增殖作用的影响是不同的。

但也有研究者报道电磁场对细胞增殖无影响，如 J. P. Shah 等（2001）报道在 2 Hz、0. 3 mT 的脉冲磁场下暴露两天（每天两小时），PC6 细胞的分芽增殖未受到单独的脉冲电磁场或者神经增长因子的影响，亦未受到两者的联合作用影响。J. Naarala 等（2004）报道单独的电磁场引起的细胞效应微乎其微。

四、低频电磁场对细胞信号转导的影响

多细胞生物是一个繁忙而有序的细胞社会，这种社会性的维持不仅依赖于细胞的物质代谢与能量代谢，还有赖于细胞通讯与信号传递，从而以不同的方式协调他们的行为。电磁场作为一种载体，会对细胞信号系统的某一传导环节或某个信号产生影响，从

而对整个细胞产生一定的生物效应。

E. Lindstrom（1993）应用 Fura-2 荧光检测技术测量在外加 50 Hz、0. 1 mT 电磁场时，单个活细胞中自由钙的浓度振荡变化，在外加电磁场 15 ～20 s 后细胞内浓度振荡的幅度已明显增大，在外加电磁场撤去 10 min 内，钙离子浓度的振荡回到原来的值。这是一个可逆低频电磁场对胞内钙信号的影响，低频电磁场通过影响细胞内钙离子的浓度从而影响细胞内的信号传导通路。J. D. Harland 等（1997）人报道了 60 Hz 的低频电磁场使褪黑激素和药物 Tamoxifen 对人乳腺癌细胞增殖的抑制作用减弱，褪黑激素作为细胞间信号受到了低频电磁场影响，使它的生理功能发生了变化。电磁场还可通过细胞膜受体对跨膜信号产生效应，J. Beech（1997）研究发现，当 ELF-EMFs 作用于细胞时，可诱导细胞表面产生类似 zeta 电位，使细胞膜上的离子沿着细胞膜产生电泳或原位电泳，影响细胞膜的结构、通透性和细胞膜上蛋白质的密度和分布状态，从而调节配体和受体的结合。ELF-EMFs 可以通过将刺激信号传递到细胞膜，影响其他细胞膜受体发挥作用，而产生生物效应。

G. L. Hu 等（2001）发现，低频（50 Hz、0. 8 mT、24 h）能抑制小鼠成纤维细胞 NIH3T3 缝隙连接介导的细胞间通讯，主要机制是间隙连接蛋白 43 的高度磷酸化。曾群力等（2002）报道，单独暴露电磁场（50 Hz、0. 8 mT、24 h）和与 TPA 联合暴露，可抑制细胞间隙连接通讯功能。曾群力等（2003）报道，电磁场暴露（50 Hz、0. 8 mT、24 h）对间隙连接蛋白有影响，暴露在磁场的细胞在细胞间连接处有斑块，而且细胞质 Cx43 的数量增加和在细胞核附近聚集。Vanessa Manni 等（2002）也证实了 50 Hz 的电磁场可能会改变细胞膜的形态、信号级联通路的启动和细胞黏附的假设。E. Lindstrom 等（2001）报道，电磁场可影响 Jurkat 细胞的信号转导。但也有研究发现电磁场对细胞信号转导通道无显著影响，如 Guy D. Griffin 等（2000）报道，工频电磁场（45 Hz、23. 8 ～36. 6 μT、30 min）和水合氯醛对克隆 9 细胞的细胞间隙交流均无显著作用。H. Song 等（2010）报道，电磁场暴露细胞原生质膜（60 Hz、0. 1 mT/1. 0 mT、4 h/16 h），发现磷酸酯酶 cPLA2、sPLA2、PLC 和 PLD 的酶活性无显著变化，不影响 RAW264. 7 和 RBL 2H3 细胞的磷酸酯酶相关信号通路。李秀珍等（2003）报道，单独电磁场暴露（50 Hz、0. 8 μT/1. 6 μT、24 h）不会抑制星形胶质细胞的间隙交换功能，但磁场强度增加，磁场对细胞间隙交换功能有增强抑制的趋势。

电磁场对细胞内离子改变的研究中，Y. Igor 等（2001）报道，不同类型细胞中，几种生物学上的重要离子（Na^{+}、K^{+}、Ca^{2+}、Mg^{2+}、Zn^{2+}）的谐波和分谐波均受低频的频率依赖效应所影响。Carlo Aldinucci 等（2000）报道，电磁场（50 Hz）会影响人星形细胞内钙的输运过程和钙的体内平衡。也有研究得出两者无关联，如 J. E. Sisken 等（2000）报道电磁场（60 Hz、0. 3 ～50 mT）对钙离子瞬变前后钙离子基线水平没有影响。C. Aldinucci 等（2009）报道电磁场（0 ～300 Hz、2 mT）对细胞活性、钙离子浓度和铁离子释放、氧和 ATP 消耗无显著影响。F. Madec 等（2003）报道暴露于各种电磁场钙离子波动没有明显改变。但苏海峰（2010）将海马神经元分别暴露在长时间（48 h）低强度（0. 1 mT、0. 5 mT 和 1. 0 mT）电磁场和短时高强度（10 mT、20 mT）的工频电磁场中，观察胞质内活性氧自由基（ROS）和胞内 Ca^{2+} 浓度的变化，实验结果表明暴露于0.1 mT、0.5 mT和1.0 mT电磁场48 h海马神经元的ROS水平和Ca^{2+}浓度有显著提高。暴露于1 mT、10 mT和20 mT短时间电磁场海马神经元的ROS水平和Ca^{2+}浓度有显著提高，并且在时域图上观察到在施加电磁场瞬间ROS水平和Ca^{2+}浓度的变化。

低频磁场还会对细胞内的离子跨膜运转产生影响，通过改变离子通道的选择性与通透性等过程，进而影响细胞的活性甚至生物体的生命活动。贺小林（2011）从细胞水平上研究1 mT的工频磁场对大脑皮层神经元离子通道的影响。实验结果表明（聂爱芳，2006），经过1 mT的工频磁场照射后的神经元钠离子通道的电流增大，表现为流入细胞内的钠离子增多而使钠离子浓度增大。相关研究表明，电压门控性钠离子通道的主要作用是动作电位的产生与传递，使神经元的兴奋性得到表达。因此，经过1 mT的工频磁场照射后的神经元钠离子通道电流较对照组明显增大，这可能会导致动作电位的产生与传递过程明显变快，进而影响大脑神经元之间的信息传递过程。当大脑神经细胞胞内的钠离子浓度增大时，导致$Na^{+}-K^{+}$-ATP酶的活性降低，进一步促进了神经细胞内的钠离子浓度增大。神经细胞内的钠离子浓度的增大，同时还会促使神经元的Na^{+}/Ca^{2+}交换速度加快来降低钠离子浓度，而这一过程导致神经细胞内的钙离子浓度增大，进而导致蛋白酶、磷脂酶、核酸内切酶的活性增大，最终引起神经系统的有关功能紊乱，甚至诱导细胞凋亡。此外，贺小林（2011）通过进一步分析发现，1 mT的工频磁场对小鼠大脑皮层神经细胞的钾离子通道不但有抑制作用，且与磁场照射时间长短、细胞膜电位的大小等存在一定的关系，即表现为时间与电压依赖性特性。而通过观察瞬时外向钾离子通道的稳态激活与失活曲线，都相对于对照组发生了一定的左移，从而证明工频磁场使瞬时外向钾离子通道激活过程有促进作用，对它的失活过程起到促进作用。通过分析，经过1 mT的工频磁场照射前后的激活曲线可知，照射后的延迟整流钾离子通道激活曲线发生了右移，证明1 mT工频磁场也对延迟整流钾离子通道的激活有抑制作用。而Ik通常能使细胞动作电位复极化，因此，当Ik的激活过程受到抑制时，表现为钾离子通道的开放延迟。综上所述，1 mT的工频磁场对神经细胞的钾离子通道电流具有抑制作用，从而导致动作电位的复极化发生延迟，进一步影响细胞的活性。延迟整流钾离子电流具有几乎不失活的特性，而该电流在诱导好细胞的凋亡过程中发挥重要作用，而不是诱导坏疽的细胞或者衰老的细胞凋亡。因此，1 mT的工频磁场对延迟整流钾离子电流有抑制作用，从一定程度上减缓了动作电位的复极化过程，使细胞的兴奋性降低，最终影响细胞的活性。

五、低频电磁场对细胞基因表达的影响

机体的正常发育和健康有赖于通过胞外、胞内和胞间通讯而实现的稳态调节，其中任一环节的改变都会影响细胞行为，表现为基因表达和蛋白质功能的异常。近年来，关于微波辐射的生物效应及其机制的研究不断深入，特别是从基因及蛋白水平探讨微波对生物体的作用已经成为研究的趋势。

Stefano Falone等（2008）报道，在50 Hz、0.1 mT的电磁场中暴露10 d，老鼠的氧化应激能力发生显著改变。Bernd Junkersdorf等（2000）报道，在50 Hz、0～150 μT

的电磁场暴露下，HSP16、HSP70、β－半乳糖苷酶的报告基因表达显著提高了。Biao Shi 等（2003）报道，电源频率电磁场（50～60 Hz、100 μT）不诱导人类角质细胞磷酸化、局部化和热应激蛋白－27 的表达。S. Nakasono 等（2000）报道，电磁场暴露未影响应激反应蛋白的合成量，高强度低频磁场不是细胞总的应激因子。

电磁场对蛋白质功能和形态学影响的研究也有很多，Geddis 等（2009）报道在频率为 60 Hz、强度为 80 mT，15 d 每天 2 次，一次 1 h 的情况下，HSP70 蛋白水平增加，特定激酶的激活，上调通常与修复有关的转录因子。S. Lange 等（2004）报道，50 Hz、1 mT 的磁场暴露和/或电离辐射可引起人类羊水膜细胞血清总蛋白中 $p16^{INK4a}$ 和 $p21^{CIP1}$ 的增加。M. Eleuteri 等（2009）报道，电磁场（50 Hz、1 mT、24～72 h）通过增加蛋白质分解活性来影响蛋白酶体功能。李兴文（2010）报道，工频磁场诱导 FL 细胞膜表面 EGF 受体聚簇与 A-SMase 的活性密切相关，0.4 mT 工频磁场辐照能显著提高 FL 细胞内的活性氧（ROS）水平。A. Albanese 等（2009）报道，100 Hz 的电磁场能使人体外周血单核细胞的核苷酸酶、腺苷脱氨酶、ecto-5、腺苷激酶活性增加。Katia Varani 等（2002）报道，在脉冲电磁场作用下人类中性粒细胞腺苷 A2A 受体功能表达有显著变化。S. Ravera 等（2004）报道，当磁场强度 >125 μT 时，ROS 腺苷酸激酶活性及 ATP 生成量显著降低，提示电磁场是通过影响膜的组成和结构来影响腺苷酸激酶活性，且膜对酶失活有影响。W. Sun 等（2002）报道，细胞暴露 50 Hz 磁场 3 min 和 15 min 都增强了 SAPK 的磷酸化水平。Y. Liu 等（2003）报道，电磁场（50 Hz、0.2 mT/6 mT、2 w/4 w）暴露可上调小鼠脑和肝脏组织中 c-Fos 基因的转录水平。H. Li 等（2005）报道 50 Hz、0.4 mT 的低频电磁场会引起 MCF 7 细胞蛋白图谱的交替，并可能影响正常细胞和双向电泳质谱联的多种生理功能。

谷胱甘肽 S－转移酶（GST）是一个家族的二聚体蛋白催化的共轭谷胱甘肽的各种各样的化合物，并提供中和亲电很强的抗氧化功能和自由基。Saadat 等（2010）将雄性 Wistar 大鼠置于 ELF-EMF 50 Hz、500 μT 照射 30 d，量化逆转录 GSTT1 基因表达的聚合酶链反应在暴露和未暴露的影响，发现肝脏和睾丸表达 GSTT1 基因在转录水平上没有发生任何变化。A. Patruno 等（2010）报道 ELF-EMFs 暴露的 HaCaT 细胞（人类永生化表皮细胞）诱导型一氧化氮合酶（iNOS）和内皮细胞性一氧化氮合酶（eNOS）水平表达增加，环氧合酶－2（COX-2）的表达下降。

孙晓芳等（2009）通过观察低频电磁场对大鼠生精细胞凋亡蛋白 Bcl-2 和 Bax 表达的影响，探讨低频电磁场对雄性生殖系统的影响及其作用机制。结果显示随着电磁场暴露频率和时间的延长，Bax 的表达量逐渐升高，Bcl-2 的表达量逐渐降低，说明电磁场暴露频率和时间对生精细胞凋亡调控蛋白 Bax 和 Bcl-2 的表达有很大影响，电磁场暴露促进了雄性大鼠的生精细胞凋亡。

胡涛等（2003）研究了低频电磁场对大鼠主动脉平滑肌细胞骨桥蛋白基因表达的影响。结果显示各个低频电磁场作用组都明显地抑制该蛋白的表达，且具有磁场强度依赖性抑制作用，但无时间依赖性。低频电磁场不仅会提高或降低基因的表达量，同时还可以诱发某些基因产生突变。如根据 Miyakoshi 等（2012）的报道，远高于环境水平的强低频交变磁场（400 mT）可以诱导人的恶性黑色素瘤 MeWo 细胞次黄嘌呤—鸟嘌呤磷酸核糖转移酶基因的突变。突变的频率随暴露时间的延长，或诱导电流强度的增大而增加。

Strasak 等（2009）将大鼠暴露于低频磁场（频率为 50 Hz、强度为 2 mT）的环境下，连续进行 4 d 后检测大脑蛋白质 c-Fos 和 c-Jun（两者皆为癌基因），发现 c-Fos 不受影响而 c-Jun 下降。喻云梅等（2003）将小鼠置于低频电磁场（50 Hz、0.2 mT 及 50 Hz、6.0 mT，持续 2 w 或 4 w）中，观察小鼠脑和肝脏 c-Fos mRNA 水平，结果发现 50 Hz 电磁场暴露引起小鼠脑和肝脏 c-Fos 基因转录水平明显上调。Roberta 等（2008）发现自发神经系统和含有儿茶酚胺的系统的重要组成的转录物和蛋白质在 50 Hz 的低频电磁场等级都没有改变。

邱联波等（2011）将成年雄性 SD 大鼠随机分为假辐照组和辐照组，辐照组又按辐照后取材时间不同分为 0.5 h、1 h、3 h、6 h 和 12 h。采用酶联免疫吸附实验（ELISA）分析额叶皮层中总蛋白激酶 C（PKC）含量；选用 Western Blot 法分析 PKC（PKC-α、PKC-βⅠ、PKC-βⅡ）、PKC-α 和 PKC-βⅡ 蛋白含量。额叶皮层中总 PKC 含量在 EMP 辐照后 0.5 h 增加且达到峰值，之后逐渐恢复，至 12 h 达到假辐照组水平；Western Blot 的研究结果显示 PKC 及 PKC-βⅡ在 EMP 辐照后 0.5 h 和 1 h 表达量增加，之后恢复至假辐照组水平。

对于细胞内成分的研究，Sieron 等（2004）将 24 只雄性 Wistar 大鼠置于频率为 10 Hz、磁场强度为 1.8 ～3.8 mT RMS（均方值）的正弦交变磁场中，每天暴露 1 h，连续暴露 14 d 后发现内源性 5-HT 和 DA 及其代谢产物的水平无明显改变，前额叶的 5 - 羟色胺（5-HT）和多巴胺（DA）含量及合成率增高，纹状体的 5-HT 和 DA 含量无明显改变。

六、低频电磁场对 DNA 的影响

低频电磁场能够在一定程度上损伤细胞的遗传物质 DNA，所有很可能低频电磁场能够诱发细胞癌变是由于其损伤了细胞内的 DNA，从而使正常细胞在分化或增殖时生长不利于癌细胞本身的突变，形成癌细胞。

据报道，50 Hz 电磁场暴露可导致小鼠精子数量、活力下降，精子头部畸形率上升，睾丸中不同倍体细胞百分比改变。这些结果提示，50 Hz 磁场暴露可能会诱发生殖细胞 DNA 损伤，进而使生精过程受到干扰。洪蓉等（2003）进一步研究了低频电磁场对小鼠睾丸细胞 DNA 以及精子染色质结构的影响。结果显示低频电磁场可引发睾丸细胞 DNA 链断裂增加，可能引起精子核染色质浓缩异常。B. Yokus 等（2005）在研究低频电磁场对鼠的 DNA 的影响时发现暴露于 50 Hz 的低频电磁场会对老鼠细胞产生基因毒性，且在增加磁场强度后，低频电磁场甚至能够直接毁坏 DNA 的结构。低频电磁场对于 DNA 的损坏作用还有一定的时间关系。例如，杜晓刚（2008）在其博士学位论文中就发现，0.4 mT、50 Hz 工频磁场短时间（2 h、6 h、12 h）连续辐照不能诱导 hLECsDNA 损伤，而工频磁场长时间（24 h 或 48 h）连续辐照能诱导 hLECsDNA 损伤，且这种损伤在辐照结束后 4 h 可以被部分修复。Frauke Focke 等（2010）将人成纤维细胞置于磁感应为 50 Hz、1 mT 的 EMF 间歇性（非连续）的环境，DNA 片段产生轻微的增加，差异有统计学意义。这提供了证据表明DNA片段改变是由磁场而非电场所引起。此外，EMF引起的变化依赖于细胞的增殖，而不是在DNA本身复制的过程。联合FPG－彗星试验未能提供证据说明DNA碱基化的损伤。ELF-EMF引起的彗星试验的影响可以解释为S期进程的轻微干扰和偶尔触发的细胞凋亡，而不是其生成的DNA损伤。Mannerling等（2010）发现K562细胞置于ELF-MF（50 Hz、1 h）中增加其氧自由基，诱导HSP70水平上升。造成细胞中G2期的积累和应激蛋白HSP70的增加。

七、低频电磁场对细胞凋亡的影响

细胞凋亡是指为维持内环境稳定，由基因控制的细胞自主、有序地死亡。细胞凋亡与细胞坏死不同，细胞凋亡不是一个被动的过程，而是主动的过程，它涉及一系列基因的激活、表达以及调控等的作用，它并不是病理条件下自体损伤的一种现象，而是为更好地适应生存环境而主动争取的一种死亡过程。对于细胞凋亡和损伤，研究结果很不一致。有的研究者得出极低剂量电磁辐射诱导细胞凋亡和损伤。

Y. Liu等（2003）报道，在频率为50 Hz、场强为0.2 mT或6.0 mT的电磁场中暴露2 w可改变小鼠脑和肝脏细胞的细胞周期，诱导凋亡。杨学森等（2005）报道也指出细胞凋亡是电磁辐射神经损伤效应的主要原因之一。董娟（2007）将发射源固定于清醒态大鼠颅顶骨外约2 mm处，对实验组大鼠施加脉冲磁场辐射（重复频率15 Hz、平均0.1 mT），45 min/次，1次/d，连续30 d，观察大鼠的学习记忆能力、形态学变化、脑电节律的变化。结果发现实验条件下，低频脉冲磁场（重复频率15 Hz、平均场强0.1 mT）长时程（30 d）辐射可影响大鼠的脑电节律，并可导致大鼠皮质神经元凋亡及其他超微结构改变，可抑制体外培养的胎鼠皮质神经元生长并可导致其代谢异常、胞浆内游离Ca^{2+}浓度升高及线粒体膜电位降低。电磁辐射照射可损伤大鼠海马、边缘区神经元、神经胶质细胞、毛细血管内皮细胞，但对毛细血管损伤的近期效应是可逆的。

近年来的研究表明，极低剂量电离辐射可降低细胞的凋亡和损伤促进神经细胞发育。例如L. D. Zhao等（2003）对暴露于15 Hz正弦波电磁场、磁场强度18 mT、暴露3 d和8 d的大鼠的局灶性左脑皮质挫伤模型的病理学改变进行研究，发现暴露组的炎症反应程度和神经损伤程度明显轻于对照组，在远离大脑损伤部位，神经元形态发生改变，暴露组中数目更多，提示电磁场可以缓解脑损伤反应。Bruna等（2010）研究发现暴露于ELF-EFs可以增强C57BL/6鼠体内的成熟的海马神经发育，而且这可以促进在再生医学方面新治疗方法的发展。还有的结果得出没有显著不同，例如Akdag等（2010）将大鼠暴露于强度为100 mT和500 mT、2 h/d的环境下，连续10个月后检测大脑细胞凋亡和氧化应激，研究发现细胞凋亡没显著不同。C. Aldinucci等（2009）将小鼠暴露于50 Hz、2 mT的磁场中2 h，结果发现EMF暴露不影响皮质突触体的生理行为。

此外，还有研究发现低频电磁场能够在一定程度上诱导癌细胞的凋亡。细胞内游离Ca^{2+}的浓度与细胞凋亡密切相关。细胞内高浓度的Ca^{2+}可以激活内源性核酸内切酶从而导致细胞发生凋亡。如W. Jian等（2009）研究了低频电磁场对X射线放射疗法诱导人肝癌 Bel-7402 细胞凋亡的作用。结果显示低频电磁场能够显著增强 X 射线诱导肝癌 Bel-7402 细胞的凋亡速率，且暴露在低频电磁场中的时间越长，则其效果越显著。姚陈果（2004）将纳秒级电场脉冲作用于人卵巢癌（SKOV3）细胞，发现经纳秒级电场脉冲处理后，细胞活性氧即刻升高，且线粒体跨膜电位在 6 h 时达到最低值；线粒体膜间隙蛋白 Cyt-C、AIF 释放入胞浆，线粒体凋亡通路相关蛋白 Caspase-3 表达量也明显升高。结果表明，在纳秒级电场脉冲诱导的肿瘤细胞凋亡中，线粒体凋亡通路发挥了重要作用。

低频电磁场在一定程度上可以诱导癌细胞的凋亡，低频电磁场同样可能会引起人体内其他细胞的凋亡。如 Y. W. Kim（2009）等研究了低频电磁场对老鼠睾丸生殖细胞的影响。连续 16 w 暴露在 60 Hz 14 μT 的电磁场中后发现，老鼠的体重与体内睾丸酮素的含量没有出现大的变化，但是暴露组大鼠的生精细胞却较对照组大鼠的生精细胞有显著的凋亡现象。说明低频电磁场很可能会诱导雄性生物的生精细胞凋亡。

八、低频电磁场对细胞癌变的影响

目前，关于低频电磁场可能有致癌作用的研究报道大多数来自流行病学研究。例如 P. Z. Li 等（2009）研究了受孕之前受职业低频电磁场辐射的母亲所生子女的脑肿瘤发生率的影响时发现，母亲因长期暴露于低频电磁场环境中，其所生孕的后代患脑肿瘤的概率为未受过电磁场影响的母亲所生育孩子的 2 倍。N. Hakansson 等（2001）所做的病例—对照研究指出，对暴露于高强度电磁场中的焊接工人来说，其内分泌腺发生肿瘤的危险性增加，肾上腺肿瘤和垂体肿瘤的发生可能与电弧焊有关。副甲状腺肿瘤的发生可能与电弧焊和电阻焊有关。L. E. Charles 等（2003）在其研究中也指出，长期暴露于电磁场的工人患前列腺癌的危险性增加，但关于低频电磁场是否能致癌的问题，国内外很多学者的研究结果是有很大区别。如表 2－20 所示。

上述差别只能解释为由于流行病学调查本身有许多混杂因素，所以关于低频电磁场能否引起细胞肿瘤化的问题有待进一步的流行病学调查及实验室细胞水平的研究证实。

表 2－20　电磁场对细胞生物效应的影响

参考文献	研究对象	暴露条件及时间	研究指标	研究结果
X. Li 等（2003）	星形胶质细胞	50 Hz，0.8 μT/1.6 μT，24 h	细胞间隙交换功能	场对细胞间隙交换功能有增强抑制的趋势
Y. Li 等（2002）	神经干细胞	20 Hz、8 mT 和 5 Hz、8 mT	神经元分化	电磁场暴露对神经元分化的促进作用不同
李志锋等（2010）	大鼠成骨细胞	50 Hz，0.14 mT、0.16 mT 和 0.18 mT 的 PEMFs	细胞增殖率、ALP 活性和 BMP-2 mRNA 的表达	对 ROB 的影响主要表现在促进其分化，且这种作用存在较为敏感的“强度窗”效应
刘朝阳等（2010）	大鼠骨髓间充质干细胞	15 Hz、1.0 mT 电磁场刺激，30 min，60 min	成纤维细胞生长因子－2、成纤维细胞生长因子受体－2	电磁场刺激对体外培养的大鼠骨髓间充质干细胞 FGF-2 和 FGFR-2 mRNA 表达有明显的促进作用

续表2-20

参考文献	研究对象	暴露条件及时间	研究指标	研究结果
R. Piacentini 等（2008）	大鼠	50 Hz 电磁场，1 mT	神经细胞的分化	神经分化的量显著下降
S. Di Loreto 等（2009）	大鼠	50 Hz 磁场（0.1～1 mT）	大脑神经元成熟抗氧化细胞保护酶和非酶系统	影响细胞活力，减少大鼠神经元凋亡
J. P. Shah 等（2001）	PC6 细胞	2 Hz、0.3 mT 脉冲磁场 2 h/d、2 d	细胞的分芽增殖	PC6 细胞的分芽增殖未受到单独的脉冲电磁场或者神经增长因子的影响
J. Naarala 等（2004）	细胞	50 Hz	细胞活性、增殖	单独的电磁场引起的细胞效应微乎其微
G. L. Hu 等（2001）	小鼠成纤维细胞 NIH3T3	50 Hz、0.8 mT、24 h	蛋白 43	低频能抑制小鼠成纤维细胞 NIH3T3 缝隙连接介导的细胞间通讯
曾群力等（2002）	细胞	50 Hz、0.8 mT、24 h	细胞间隙连接通讯	电磁场可抑制细胞间隙连接通讯功能
曾群力等（2003）	细胞	50 Hz、0.8 mT、24 h	Cx43	电磁场可抑制细胞间隙连接通讯功能
Vanessa Manni 等（2002）	细胞	50 Hz	细胞膜形态信号通讯	电磁场可能会改变细胞膜形态、信号级联通路的启动和细胞黏附
E. Lindstrom 等（2001）	Jurkat 细胞	50 Hz，0.1 mT	钙离子浓度	电磁场可影响 Jurkat 细胞的信号转导
Guy D. Griffin 等（2000）	细胞	45 Hz、23.8～36.6 μT、30 min	细胞间隙通讯	电磁场对细胞间隙交流均无显著作用
H. Song 等（2010）	RAW264.7 和 RBL 2H3 细胞	60 Hz、0.1 mT/1 mT、4 h/16 h	cPLA2、sPLA2、PLC 和 PLD 的酶活性	电磁场不影响 RAW264.7 和 RBL 2H3 细胞的磷酸酯酶相关信号通路
X. Li 等（2003）	星形胶质细胞	50 Hz、0.8 μT/1.6 μT、24 h	间隙连接通讯	电磁场暴露不会抑制星形胶质细胞的间隙交换功能
Y. Igor 等（2001）	细胞		Na^+、K^+、Ca^{2+}、Mg^{2+}、Zn^{2+}浓度	电磁场可影响细胞中的离子浓度

续表 2－20

参考文献	研究对象	暴露条件及时间	研究指标	研究结果
Carlo Aldinucci 等（2000）	人星形细胞	50 Hz	钙的输运过程和钙的体内平衡	电磁场会影响人星形细胞内钙的输运过程和钙的体内平衡
J. E. Sisken 等（2000）	ROS 17/2.8 细胞	60 Hz、0.3～50 mT	钙离子活性	电磁场对钙离子瞬变前后钙离子基线水平没有影响
C. Aldinucci 等（2009）	大鼠神经突触	0～300 Hz、2 mT	细胞活性、钙离子浓度	电磁场对细胞活性、钙离子浓度和铁离子释放、氧和 ATP 消耗无显著影响
F. Madec 等（2003）	OF_1 小鼠	50 Hz，1 mT	钙离子波动	电磁场对钙离子的波动没有明显影响
苏海峰等（2010）	海马神经元	0.1 mT、0.5 mT 和 1.0 mT，48 h；10 mT、20 mT	ROS 水平，Ca^{2+} 浓度	电磁场影响 ROS 水平和 Ca^{2+} 浓度的变化
Stefano Falone 等（2008）	大鼠	50 Hz、0.1 mT、10 d	氧化应激能力	电磁场影响大鼠的氧化应激能力
Bernd Junkersdorf 等（2000）	线虫	50 Hz、0～150 μT	HSP16、HSP70、β－半乳糖苷酶的报告基因	电磁场暴露下，HSP16、HSP70、β－半乳糖苷酶的报告基因表达显著提高了
Biao Shi 等（2003） S. Nakasono 等（2000）	人类角质细胞	50～60 Hz、100 μT	热应激蛋白－27	电磁场不诱导人类角质细胞磷酸化、局部化和热应激蛋白－27 的表达
Geddis 等（2009）	涡虫	60 Hz，80 mT，15 天每天 2 次 1 h/次	HSP70	电磁场导致 HSP70 蛋白水平上调
S. Lange 等（2004）	人类羊水细胞	50 Hz、1 mT	$p16^{INK4a}$和 $p21^{CIP1}$	磁场暴露和/或电离辐射可引起人类羊水膜细胞血清总蛋白中 $p16^{INK4a}$和 $p21^{CIP1}$ 的增加
A. M. Eleuteri 等（2009）	$CaCO_2$ 细胞	50 Hz、1 mT、24～72 h	细胞活性，蛋白酶体活性	电磁场可影响蛋白酶体功能
李兴文（2009）	FL 细胞	0.4 mT	EGF 受体，A-SMase	电磁场能显著提高 FL 细胞内的活性氧（ROS）水平

续表 2-20

参考文献	研究对象	暴露条件及时间	研究指标	研究结果
A. Albanese 等（2009）	人单核细胞	100 Hz	核苷酸酶，腺苷酸脱氨酶等	电磁场能使人体外周血单核细胞的核苷酸酶，腺苷脱氨酶，ecto-5，腺苷激酶活性增加
Katia Varani 等（2002）	人中性粒细胞	75 Hz		电磁场作用下人类中性粒细胞腺苷 A2A 受体功能表达有显著变化
S. Ravera 等（2004）	视网膜杆细胞	75 Hz，250 μT	ATP 试验	电磁场是通过影响膜的组成和结构来影响腺苷酸激酶活性，且膜对酶失活有影响
W. Sun 等（2002）	仓鼠 CHL 细胞	50 Hz、3 min 和 15 min	SAPK 蛋白	电磁场增强了 SAPK 的磷酸化水平
Y. Liu 等（2003）	小鼠	50 Hz、0.2 mT/6 mT、2 w/4 w	c-Fos 基因	电磁场（可上调小鼠脑和肝脏组织中 c-Fos 基因的转录水平）
H. Li 等	MCF7 细胞	50 Hz、0.4 mT	蛋白表达	电磁场影响 MCF7 细胞蛋白的正常表达
Saadat 等（2010）	Wistar 大鼠	50 Hz、500 μT、30 d	GSTT1 基因	电磁场暴露未影响肝脏和睾丸表达 GSTT1 基因的转录水平
A. Patruno 等（2010）	HaCaT 细胞	50 Hz，1 mT	iNOS，eNOS，COX-2	电磁场暴露诱导 iNOS 和 eNOS 水平表达增加，COX-2 的表达下降
Strasak 等（2009）	大鼠	50 Hz、2 mT、4 d	c-Fos 和 c-Jun	磁场暴露发现 c-Fos 不受影响而 c-Jun 下降
喻云梅等（2003）	小鼠	50 Hz、0.2 mT 及 50 Hz、6.0 mT，持续 2 w 或 4 w	脑和肝脏 c-Fos mRNA	50 Hz 电磁场暴露引起小鼠脑和肝脏 c-Fos 基因转录水平明显上调
Roberta Benfante 等（2008）	人类神经元	50 Hz	基因表达、蛋白质	自发神经系统和含有儿茶酚胺的系统的重要组成的转录物（transcript）和蛋白质等级都没有改变
A. Sieron 等（2004）	24 只雄性白化 Wistar 大鼠	10 Hz 正弦交变磁场，磁场强度 1.8 ～ 3.8 mT，连续暴露 14 d，1 h/d	纹状体及前额叶 5-HT 及其代谢产物 5-HIAA、NA 和 DA 及其代谢产物 DOPAC、H VA、3- MT 的水平	内源性 5-HT 和 DA 及其代谢产物的水平无明显改变，前额叶的 5-HT 和 DA 含量及合成率增高，纹状体的 5-HT 和 DA 含量无明显改变

续表 2-20

参考文献	研究对象	暴露条件及时间	研究指标	研究结果
Frauke Focke 等 (2010)	人成纤维细胞	50 Hz、1 mT	DNA 损伤	EMF 可引起 DNA 变化
Mannerling 等 (2010)	K562 细胞	50 Hz、1 h	HSP70	ELF-MF 诱导 HSP70 水平上升
Y. Liu 等 (2003)	小鼠	50 Hz、0.2 mT 或 6.0 mT、2 w	细胞凋亡	电磁场暴露可改变小鼠脑和肝脏细胞的细胞周期，诱导凋亡
董娟 (2007)	大鼠、胎鼠皮质神经元	15 Hz、0.1 mT，45 min/次，1 次/d，连续 30 d	学习记忆形态学改变	可影响鼠脑的结构与功能
L. D. Zhao 等 (2003)	大鼠	15 Hz、18 mT，3 d 和 8 d	神经元病理改变	电磁场可以缓解脑损伤反应
Bruna 等 (2010)	C57BL/6 鼠	50 Hz 电磁场，1 mT	海马神经再生	增强 C57BL/6 鼠体内的成熟的海马神经发育
Akdag 等 (2010)	大鼠	100 mT 和 500 mT，2 h/d，连续 10 个月	大脑细胞凋亡和氧化应激	研究发现细胞凋亡没显著不同
C. Aldinucci 等 (2009)	小鼠	50 Hz、2 mT、2 h	细胞活性，Ca^{2+} 浓度	暴露不影响皮质突触体的生理行为
G. L. Hu 等	小鼠成纤维细胞 NIH3T3	50 Hz、0.8 mT、24 h	间隙连接蛋白 43	电磁场能抑制细胞缝隙连接介导的细胞间通讯
Q. Zeng 等	仓鼠成纤维细胞(CHL)	50 Hz、0.8 mT、24 h	细胞间隙连接通讯	电磁场与 TPA 联合暴露，可抑制细胞间隙连接通讯功能

第三章　工作场所低频电磁场的现状及评估

随着电力的广泛运用，低频电磁场无处不在，特别是工业上某些高电压和强电流的特殊要求，使职业环境存在大量的低频电磁场污染。低频电场主要存在于发电厂和电网企业的超高压变电站及其输送线路，其电场强度往往超过 5 kV/m，部分作业点电场强度超过 10 kV/m。常接触高电场强度的作业工人为电厂电气点检作业工人，电网企业变电送电运行及检修工人。低频磁场主要存在于汽车及零配件制造业的点焊作业岗位，其磁场的性质为冲击式，磁场强度 RMS 值达几百 μT 以上，峰值最高可达 10 mT 以上。电力火车和电力炼钢作业场所也存在较高水平的磁场。电网企业磁场多在 100 μT 以下，但部分变电站电容器和电抗器可达几百 μT 以上。本章中，我们通过分析现场调查资料、检测数据以及文献综述，对存在较高低频电磁场企业的作业环境及作业岗位的电磁场职业接触现况进行描述和分析，如发电企业、供电企业、汽车及零配件制造厂、电力运输行业、电力炼钢企业及设置变配电设施的企业等。

第一节　发电企业

发电企业又称发电站或发电厂，是将热能或动能转换为电能的企业。目前大部分发电厂发电都是基于电磁感应的原理，借由外力不断推动感应线圈产生感应电流。推动的力量可以是水的位能，或是经由燃料燃烧所产生的热能，以煮沸水产生蒸气，或是以风力推动。因此，发电厂的种类通常可以根据燃料或动力种类分为火力发电厂、水力发电厂、风力发电厂、原子能（核能）发电厂、太阳能发电厂、垃圾发电厂和地热发电厂等。发电机转动产生电以后，通过变压器将电压提高至 220 kV 或 500 kV 等高电压等级，经过开关站并入电网进行运输。在整个发电厂，较高低频电磁场主要存在于发电机、变压器、开关站及其之间的连线。不同类型发电厂在发电机产生电能后的工艺流程基本一致。图 3－1 为某燃煤电厂工艺流程图，灰色区域为低频电磁场主要存在的区域。发电厂产生的电磁场为工频电磁场，其频率在我国和欧洲一些国家为 50 Hz，而在美国和加拿大等国家为 60 Hz。

如图 3－2 所示，发电厂发电机产生电以后有 3 个流向：①经过励磁变，供发电机自用；②到厂高变，回流到 6 kV 配电室、380 V 配电室，供厂内高低压电机用电；③到主变提升电压，然后通过升压开关站，从各条线路输出到电网。发电厂存在工频电磁场的设备及区域主要包括：汽机厂房里的发电机、发电机出线、出线开关断路器，励磁系统中的励磁变和励磁间，配电房，主变区域的主变、厂变及启备变，升压站等。这些设备和区域也往往是巡检人员的巡检点或巡检场所。因为初步设计时的技术及经济层面的原因，部分电厂升压站仍全为露天式设备，危害较大，而大部分新建的电厂均将升压站主要的设备如开关刀闸等围蔽成 GIS 室，只保留避雷器、电压互感器、电瓷瓶、出线套管等在室外。

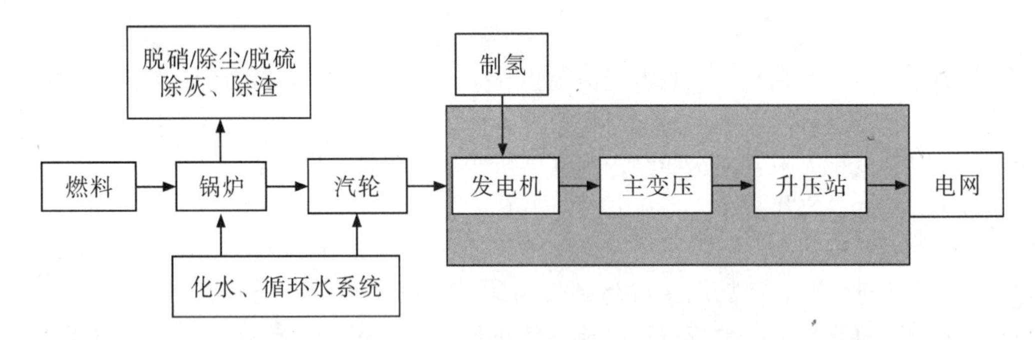

图 3-1　某燃煤电厂工艺流程

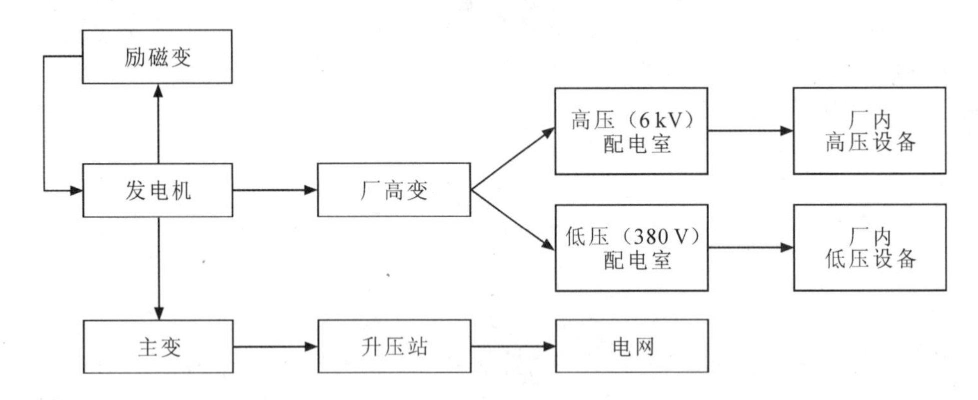

图 3-2　发电厂电流流向简图

发电厂的生产人员一般包括集控运行人员、燃料运行人员、化水运行及实验人员、电气运行人员以及设备的点检和检修人员。接触较高工频电磁场的工作人员主要是集控巡检人员和电气点检人员。其中，集控巡检人员作息时间大部分为 5 班 3 倒，每个工人 10 天上 6 个班，每个班次工作 8 小时。部分发电厂由于人手不足等原因，集控巡检人员作息时间可能为 4 班 2 倒或 4 班 3 倒。不同发电厂集控巡检人员分工不同，有些发电厂分为汽机巡检人员、锅炉巡检人员和电气巡检人员；有些发电厂分为汽机巡检人员和锅炉巡检人员；有些发电厂的集控巡检人员不按区域分工，均要承担汽机、锅炉和电气设备巡检。集控巡检人员作业内容主要是对设备的定期巡检，巡检次数每个班 2 ～ 4 次不等。电气点检人员工作时间常为白班，一周工作 5 天，每天工作 8 小时，点检次数大多为一周一次。电气点检人员作业内容主要是对所有电气设备包括高低压电机等进行定期巡查，发现可能存在的问题并进行适当处理。本次调查了工作内容相对固定的 5 家发电厂的电气点检及 4 家发电厂的集控电气运行人员的作业情况，发电厂作业人员作业情况如表3－1所示。

表3－1　发电厂作业人员作业情况

岗位名称	职　责	工作内容	作息时间
A电厂电气点检	电气设备定期巡检与判断及问题处理	每周巡检1次；其中：①发电机、出口断路器、励磁变/励磁间共70 min；②6 kV配电室、低压配电室（380 V配电室等）共135 min；③主变区域共40 min；④升压站室内共20 min；⑤升压站室外共5 min	5 d/w，8 h/d
B电厂电气点检	电气设备定期巡检与判断及问题处理	每周巡检1次；其中：①发电机、断路器、励磁变等共24 min；②6 kV配电室、低压配电室（380 V配电室等）共155 min；③主变区域共40 min；④升压站室外共1.5 h	5 d/w，8 h/d
C电厂电气点检	电气设备定期巡检与判断及问题处理	每天巡检1次；其中：①发电机、断路器、励磁变等共24 min；②6 kV配电室、380 V配电室共20 min；③主变区域共40 min；④升压站室内共45 min；⑤升压站室外共15 min	5 d/w，8 h/d
D电厂电气点检	电气设备定期巡检与判断及问题处理	每天巡检1次，但每天不同的人巡检，平均约1次/（人·周）；其中：①发电机、断路器、励磁变等共22 min；②6 kV配电室、380 V配电室共40 min；③主变区域共15 min；④升压站室外共5 min	5 d/w，8 h/d
E电厂电气点检	电气设备定期巡检与判断及问题处理	不同设备不同巡检次数，其中：①发电机、断路器、励磁变等共24 min，1次/天；②6 kV配电室、380 V配电室共60 min，1次/周；③主变区域共40 min，1次/天；④升压站室内共30 min，1次/周；⑤升压站室外共15 min，1次/周	5 d/w，8 h/d
B电厂集控电气运行	电气设备每班次定期巡检	每班巡检2次；其中：①发电机、断路器、励磁变等共22 min；②6 kV配电室、低压配电室（380 V配电室等）共70 min；③主变区域共10 min；④升压站室外共15 min	5班3倒，即10天上6天班，每班8小时
C电厂集控电气运行	电气设备每班次定期巡检	每班巡检4次；其中：①发电机、断路器、励磁变等共14 min；②6 kV配电室、380 V配电室共20 min；③主变区域共10 min；④升压站室内共10 min；⑤升压站室外共5 min	5班3倒，即10天上6天班，每班8小时
D电厂集控电气运行	电气设备每班次定期巡检	每班巡检2次；其中：①发电机、断路器、励磁变等共3 min；②6 kV配电室、380 V配电室共6 min；③主变区域共10 min；④升压站室外共20 min	4班2倒，即8天上4天班，每班12小时
E电厂集控电气运行	电气设备每班次定期巡检	每班巡检2次；其中：①发电机、断路器、励磁变等共14 min；②6 kV配电室、380 V配电室共20 min；③主变区域共10 min；④升压站室内共15 min；⑤升压站室外共10 min	4班3倒，即8天上6天班，每班8小时

目前，我国的发电厂主要有1 000 MW、600 MW、300 MW和200 MW等不同等级，其中以600 MW和300 MW较常见。黎世林等（2012）对2家1 000 MW发电厂、3家600 MW发电厂以及3家300 MW发电厂共8家发电厂510个作业点进行了测量，其中汽机厂房发电机8个作业点，汽机厂房断路器、励磁变等80个作业点，配电室共109个作业点，主变区域主变、厂高变和启备变等共196个作业点，升压站室内开关站共32个作业点，升压站室外避雷器、电瓷瓶、开关刀闸等共85个作业点。结果显示，有51个作业点电场强度超过5 kV/m，有10个作业点电场强度超过10 kV/m，超过10 kV/m的作业点主要分布在主变区域和升压站室外避雷器等，其中，在室外升压站及部分架空出线的主变出线端电场强度较高，室外升压站最高达12.08 kV/m。磁场强度在励磁间的配电柜处测得最高值为318 μT，且励磁间、励磁变出线端、配电室部分用电量高的干式变压器及部分主变进线端磁场强度相对较高。如表3－2至表3－4所示。

表3－2　发电厂不同设备作业环境电磁场强度

区　域	点数	工频电场（kV/m）				工频磁场（μT）			
		$\bar{x} \pm s$	中位数（四分位间距）	最小值	最大值	$\bar{x} \pm s$	中位数（四分位间距）	最小值	最大值
发电机	8	0.002±0.003	0.001（0.002）	<0.001	0.010	12.89±10.25	10.56（22.81）	2.59	28.96
汽机厂房励磁变等	80	0.011±0.037	0.020（0.135）	<0.001	0.196	48.04±66.98	21.45（50.60）	0.13	318.00
配电室	109	0.002±0.002	0.001（0.003）	<0.001	0.013	16.40±27.99	5.07（13.19）	0.08	136.40
主变区域	196	0.399±0.752	0.063（0.515）	<0.001	12.030	12.54±19.41	6.14（10.28）	0.56	106.80
升压站室内GIS室	32	<0.001	<0.001	<0.001	<0.001	10.84±13.68	5.76（8.94）	1.17	51.61
升压站室外避雷器等	85	4.045±2.953	3.282（3.189）	0.024	12.080	14.15±13.50	7.92（10.82）	1.39	60.49

表3－3　发电厂不同设备作业环境电场强度范围对比

区　域	N	1 000 MW			600 MW			300 MW		
		n	>5 kV/m	百分比（%）	n	>5 kV/m	百分比（%）	n	>5 kV/m	百分比（%）
主变区域	200	55	3	5.5	88	0	0.0	57	0	0.0
升压站室外避雷器等	83	18	6	33.3	23	12	52.2	42	6	14.3
合　计	283	73	9	12.3	111	12	10.8	99	6	6.1

表3－4　发电厂不同设备作业环境磁场强度范围对比

区　域	N	1 000 MW			600 MW			300 MW		
		n	>100 μT	百分比（%）	n	>100 μT	百分比（%）	n	>100 μT	百分比（%）
发电机	8	1	0	0.0	3	0	0.0	4	0	0.0
汽机厂房励磁变等	82	17	0	0.0	43	7	16.3	22	3	13.6

续表 3－4

区　　域	N	1 000 MW			600 MW			300 MW		
		n	>100 μT	百分比（%）	n	>100 μT	百分比（%）	n	>100 μT	百分比（%）
配电室	109	19	0	0.0	62	3	4.8	28	0	0.0
主变区域	198	55	0	0.0	87	2	2.3	56	0	0.0
升压站室内 GIS 室	32	6	0	0.0	26	0	0.0	0	0	0.0
升压站室外避雷器等	83	18	0	0.0	23	0	0.0	42	0	0.0
合　　计	512	116	0	0.0	244	12	4.9	152	3	2.0

如表 3－3、表 3－4 所示，发电厂电场强度超过 5 kV/m 的区域主要为升压站室外避雷器等，主变区域只有 1 000 MW 机组有超过 5 kV/m 的。磁场强度超过 100 μT 的区域主要为汽机厂房励磁变等，其中 600 MW 机组超过 100 μT 的测点还包括配电室和主变区域。

柴剑荣等（2011）对浙江省 2 个大型火力发电厂的发电机组、主变压器、厂变压器、启备变压器、输电母线下道路、升压站、主控室、配电室等岗位或区域进行工频电磁场检测。其中 1 号发电厂有 2 台 300 MW 机组，输出电网的电压为 220 kV；2 号发电厂有 3 台 600 MW 机组，输出电网的电压为 500 kV。结果显示工频电场场强主要分布在主变压器和输电母线下道路，其中 1 号发电厂主变压器、220 kV 母线下道路最高电场强度分别为 3.42 kV/m 和 2.59 kV/m。200 kV 升压站工频电场最高值为 6.78 kV/m。2 号发电厂主变压器、500 kV 母线下道路最高电场强度分别为 8.25 kV/m 和 9.91 kV/m。由于厂变压器、启备变压器与主变压器在同一区域内相邻设置，叠加作用使得它们产生了较高的工频电场场强。

笔者对 3 间发电厂 3 个工种 28 人次工频磁场强度个人暴露水平的测量结果显示，发电厂接触工频磁场较强的岗位为集控巡检工和电气点检工（电气一次点检和电气二次继保中），电气一次点检人员日均接触工频磁场强度最高，$\bar{x} \pm s = 1.36 \pm 1.15$ μT，其中一个班次累积接触量最大值为 4.00 μT，瞬时接触最大值达到 530.0 μT，同时其他工种瞬时接触最大值均超过了 100 μT。出现个体磁场测量中瞬时最大值比作业环境磁场测量中最大值大的原因可能为作业工人巡查的时候打开了用作屏蔽的柜门等。详细结果如表 3－5 所示。

表 3－5　不同工种作业人员工频磁场暴露水平

工　　种	人次	工频磁场（μT）		
		$\bar{x} \pm s$	一个班次累计接触最大值	瞬时接触最大值
集控巡检	15	0.80 ± 0.82	3.10	253.0
电气一次点检	9	1.36 ± 1.15	4.00	530.0
电气二次继保	4	1.25 ± 1.32	3.00	474.0

第二节　供 电 企 业

一、一般情况

供电企业主要从事电力的运营，从发电厂等购买各电压等级的电能，运送至相应地区的一级变电站，并逐级通过二级变电站、三级变电站等变压后输送至用户，供电工艺简图如图 3－3 所示。电压在变电站通过变压器进行改变，变电站通过开关、刀闸和母线等控制电流的方向。变电站按照电压等级的差别，可分为相对高压区、变压器和相对低压区。变电站工艺如图 3－4 所示。

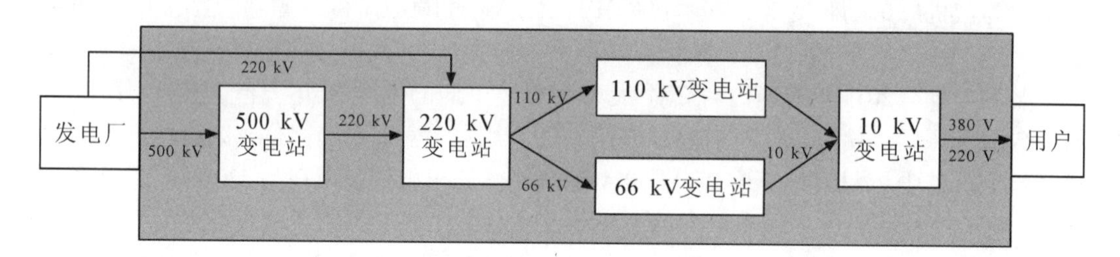

图 3－3　供电工艺简图

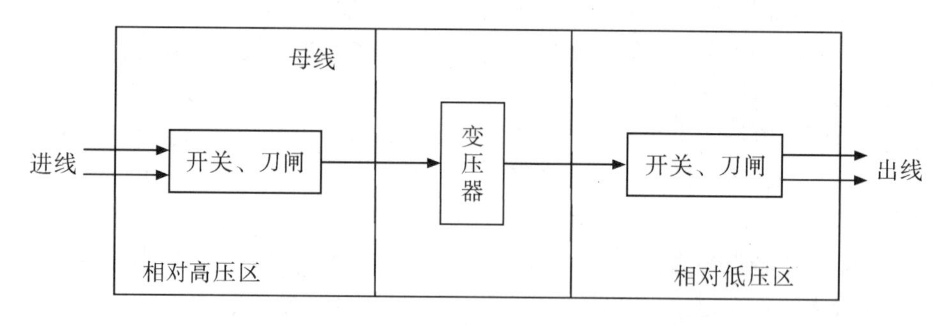

图 3－4　变电站工艺简图

变电站除了有电压等级差别外，还可分为室内、室外及混合型变电站三种，室外部分其线路和刀闸均为裸露，室内的变电站其进出线、刀闸、开关等均被封闭在铁柜内，铁柜对低频电场有较好的屏蔽效果。另外，电网企业在高压电的运输过程中，也采用电缆从地下进行运输，电缆对低频电场屏蔽也较好。

二、劳动定员

供电企业工作人员主要包括行政管理人员和生产人员。生产人员主要包括各变电站及其线路运行人员和检修人员，用户端报装、配电及检修人员，电费管理、客服等工作人员，供电企业劳动定员情况如表 3 - 6 所示。供电企业接触工频电磁场的生产人员主要是各变电站的运行人员和检修人员，各线路的巡视人员和检修人员以及供电所配电运行人员和检修人员。变电运行人员主要采取 3 班 1 运转，每班工作 24 h，主要负责常规巡视和设备检查、测试及清扫等不定期工作。线路巡视人员每周工作 5 天，每天 8 h，主要负责巡视进入变电站的线路。变电站和线路检修工人主要负责相应设备的维修工作，也是采取每周工作 5 天，每天 8 h 常规工作制度。接触人员按照不同电压等级进行作业，各电压等级作业情况如表 3 - 7 所示。

表 3 - 6　某供电企业劳动定员情况

直属生产单位名称	管辖范围	工作内容	劳动定员
变电检修工区	4 个 220 kV，66 kV 变电站及线路	变电站检修	73
变电运行工区	4 个 220 kV，66 kV 变电站及线路	变电站运行维护	156
送电工区	4 个 220 kV，66 kV 变电站及线路	线路的巡视和检修	55
A 送变电工区	220 kV 变电站及线路	变电站及线路的运行和检修	22
B 送变电工区	2 个 220 kV 变电站及线路	变电站及线路的运行和检修	53
C 电力集团有限公司	电缆线路	电缆线路的运行和检修	26
D 供电分公司	10 kV	报装、配电、客服、市场管理、抢修	149
E 供电分公司	10 kV	报装、配电、客服、市场管理、抢修	100
F 供电分公司	10 kV	报装、配电、客服、市场管理、抢修	85
G 供电分公司	10 kV	报装、配电、客服、市场管理、抢修	137
H 供电分公司	10 kV	报装、配电、客服、市场管理、抢修	75
I 供电分公司	10 kV	报装、配电、客服、市场管理、抢修	134
J 供电分公司	1 个 220 kV 变电站，3 个 66 kV 变电站及所属 10 kV 变电站及线路	报装、配电、客服、市场管理、抢修	87
K 供电分公司	10 kV	报装、配电、客服、市场管理、抢修	63
直属供电分公司	10 kV	报装、配电、客服、市场管理、抢修	
电费管理中心	—	—	10
电能计量中心	—	—	51
反窃电稽查大队	—	—	20
客户服务中心	—	—	10
试验所	—	—	44
调度通信所	—	—	129
信息中心	—	—	8

表3-7　某供电企业各接触低频电磁场岗位作业情况

岗位名称	职责	工作内容	作息时间	劳动定员
500 kV 变电运行	变电站巡视与维护	每天常规巡视4次，每次30 min；另有测试、设备检查、清扫等不定期工作	3班1运转，每班24 h	2/班
500 kV 变电检修	变电站设备检修	不定，按现实情况进行设备维修及维护	8 h白班，每年满负荷作业6～8月	3
500 kV 送电运行	循线	巡视500 kV高压线，每月1次，每次巡约10天，每天1～2 h	8 h白班，每月巡视一次，每次10 d左右	10
220 kV 变电运行	变电站巡视与维护	每天常规巡视4次，每次30 min；另有测试、设备检查、清扫等不定期工作	3班1运转，每班24 h	3/班
220 kV 变电检修	变电站设备检修	不定，按现实情况进行设备维修及维护	8 h白班，每年满负荷作业6～8月	18
220 kV 送电运行	循线	巡视220 kV高压线，每月1次，每次巡约10天，每天约6 h	8 h白班，每月巡视一次，每次10 d左右	9
220 kV 送电检修	线路检维修	不定，按现实情况进行线路维修及维护	8 h白班，每年满负荷作业6～8月	6
66 kV 变电运行	变电站巡视	每天常规巡视4次，每次30 min；另有测试、设备检查、清扫等不定期工作	3班1运转，每班24 h	3/班
66 kV 变电检修	变电站设备检修	不定，按现实情况进行设备维修及维护	8 h白班，每年满负荷作业6～8月	12
电缆运行	电缆	每月一次，每次10天	8 h白班，每年满负荷作业6～8月	8
电缆检修	电缆	不定，按现实情况进行设备维修及维护	8 h白班，每年满负荷作业6～8月	12
配电运行检修	变压器及线路检修	不定，按现实情况进行设备维修及维护	8 h白班，每年满负荷作业6～8月	10
配电运行循线	变压器及线路巡视	每月1次，每次10天	8 h白班，每年满负荷作业6～8月	10

三、测量情况

1. 750 kV变电站及其线路

万保权等（2007）于2006年1月对750 kV兰州东变电站及750 kV东官Ⅰ回线路工频电磁场的检测。从电场强度和磁感应强度的分布曲线可见，测量的750 kV变电站内的场强在1.6～7.9 kV/m之间，最大场强出现在对地高度最小的馈线下方，即主变压器750 kV侧至GIS设备的馈线下方，此处馈线高度21.3 m。由于整个变电站750 kV区域的连接线对地较高（测点分布处连线最高达27.4 m），因此，750 kV区域内的场强水平与目前运行的大多数500 kV变电站内场强相当。测量的750 kV变电站内磁感应强度很小，垂直分量最大值为1.1 μT，水平分量最大值为1.0 μT。

2. 500 kV变电站及其线路

陈青松等（2012）对某500 kV变电站共进行了45个作业点工频电场的测量，$\bar{x} \pm s = 3.61 \pm 2.61$ kV/m。其中37.78%测点工频电场强度超过5 kV/m，电场强度最大为1号线电压互感器B、C相间，值为8.39 kV/m。所有测点工频磁场强度超过1 μT；26.67%，12个测点磁场强度超过10 μT；运行的电抗器组所有测点磁场强度超过100 μT；最大为6号电抗器组，值为769.67 μT。对500 kV线路进行了布点检测，测得线路下方工频电场强度$\bar{x} \pm s$为3.12 ± 0.14 kV/m，工频磁场强度$\bar{x} \pm s$为3.34 ± 0.23 μT。陈青松等（2012）测得变电站所属办公环境电磁场较低，电场强度均低于10 V/m，磁场强度均低于1 μT。按变电站工艺所有分区，低频电磁场水平如表3－8所示。

表3－8　500 kV变电站及所属线路电磁场强度

区　域	工频电场（kV/m）			工频磁场（μT）		
	$\bar{x} \pm s$	最小值	最大值	$\bar{x} \pm s$	最小值	最大值
变电站	3.61 ±2.61	0.11	8.39	34.78 ±134.45	1.13	769.67
500 kV区	6.46 ±1.41	2.73	8.38	3.74 ±2.35	1.13	8.40
相对低压区	2.19 ±1.71	0.90	5.57	8.57 ±6.64	1.31	18.29
变压器进线	3.69 ±1.90	2.01	6.02	7.17 ±1.90	3.41	11.21
变压器出线	0.94 ±0.73	0.27	1.57	14.49 ±4.81	10.09	20.08
并联电抗器	1.86 ±1.88	0.11	4.27	5.33 ±1.26	3.60	6.96
电抗器组	1.01 ±0.26	0.82	1.19	627.33 ±201.29	485.67	769.67
线路	3.12 ±0.14	3.02	3.22	3.34 ±0.23	3.17	3.50
办公室和保护室	$(4.78 \pm 8.04) \times 10^{-3}$	0.11×10^{-3}	14.07×10^{-3}	0.33 ±0.25	0.18	0.62

徐禄文等（2008）对重庆500 kV变电站内工频电磁场进行检测。结果500 kV开关场的工频磁场强度在1.801～7.620 μT之间。工频电场强度较大，其中68.6%的测点电场强度超过5 kV/m，4.5%的测点电场强度超过10 kV/m（主要集中在开关场部分区域和35 kV干式电抗器附近），对于部分500 kV开关场断路器操作机构柜旁修建的工作平台，由于台面高度增加（离地约1 m），工频电场强度最大达到18 kV/m。220 kV开关场的工频磁场强度在1.096～28.239 μT之间。工频电场强度相对500 kV开关场略小，其中29.3%的测点电场强度超过5 kV/m，没有电场强度超过10 kV/m的测点。控制室、保护室等作业场所以及变电站围墙附近区域工频电磁场都很弱；主变压器附近工频电场强度不大，而主变低压侧工频磁场相对较强，最大达50 μT。500 kV变电站内电抗器有油浸式和干式电抗器两种，其中油浸式电抗器与主变压器相比，工频磁场大小相

近，而工频电场更小。但是，干式电抗器附近的工频磁场特别大，如在离某电抗器中心垂直投影 1 m 处的工频磁场达到了 3 852 μT。在 35 kV 电抗器的正下方中间处，工频磁场强度最大，超过了 5 000 μT，最大达 5 537 μT。

李丽（2006）对 14 个 500 kV 变电站 637 个作业点进行了工频电磁场检测。结果所有测点电场强度最低为 0.1 kV/m，最高为 18.6 kV/m，61.9% 的测点电场强度超过 5 kV/m，其中在断路器、阻波器和设备较密集处的电场强度较大，电场强度超过 5 kV/m工频电场的测点较多；磁场强度范围为 0.6 ～41.3 μT。

李红等（2006）对四川省 3 个 500 kV 变电站 500 kV 线下场所、主控室、继保室及变压器进行了工频电磁场检测。结果 58 个 500 kV 线下监测点电场强度平均值为 16.758 kV/m，最高值为 21.400 kV/m，最低值为 1.128 kV/m，91.4% 的作业点监测结果超过 5 kV/m；磁场强度最高值为 21.79 μT，最低值为 5.14 μT。主控室 6 个监测点电场强度平均值为 0.018 kV/m，最高值为 0.725 kV/m，最低值为 0.002 kV/m；磁场强度最高值为 0.30 μT，最低值为 0.09 μT。继保室 3 个监测点电场强度平均值为 0.751 kV/m，最高值为 0.061 kV/m，最低值为 0.002 kV/m；磁场强度最高值为 0.29 μT，最低值为 0.11 μT。变压器 7 个监测点电场强度平均值为 5.269 kV/m，最高值为 5.287 kV/m，最低值为 5.188 kV/m；磁场强度最高值为 6.43 μT，最低值为 5.55 μT。

3. 220 kV 变电站及其线路

陈青松等（2012）对 2 个 220 kV 变电站变电设备区 35 个作业点，集控室、办公室和继电保护室 19 个作业点，220 kV 线路 8 个作业点进行了测量。在 220 kV 变电站测得电场强度最小值为 0.09 kV/m，最大值为 5.39 kV/m，$\bar{x} \pm s = 1.99 \pm 1.58$ kV/m；测得磁场强度最小值为 0.25 μT，最大值为 134.77 μT，$\bar{x} \pm s = 16.92 \pm 33.27$ μT。详细测量结果如表 3－9 所示。

表 3－9　220 kV 变电站及所属线路电磁场强度

区　域	工频电场（kV/m）			工频磁场（μT）		
	$\bar{x} \pm s$	最小值	最大值	$\bar{x} \pm s$	最小值	最大值
变电站	1.99 ±1.58	0.03	5.93	16.92 ±33.27	0.25	134.77
220 kV 区	3.20 ±1.50	0.13	5.93	3.49 ±3.01	0.25	10.79
66 kV 区	1.16 ±0.79	0.03	2.20	6.38 ±4.76	1.18	11.70
变压器进线	0.65 ±0.31	0.27	0.99	6.15 ±2.71	3.33	9.67
变压器出线	0.48 ±0.58	0.09	1.34	14.53 ±1.41	12.66	16.08
电容器	1.41 ±0.68	0.49	1.98	99.87 ±39.41	45.74	134.77
线路	0.75 ±0.51	0.32	1.72	0.82 ±0.83	0.10	2.31
办公室和保护室	$(5.46 \pm 8.24) \times 10^{-3}$	0.34×10^{-3}	27.88×10^{-3}	0.53 ±1.45	0.03	6.66

李红等（2006）对四川省3座220 kV变电站220 kV线下场所、主控室、继保室及变压器进行了工频电磁场检测。结果42个220 kV线下监测点电场强度平均值为8.964 kV/m，最高值为20.647 kV/m，最低值为1.426 kV/m，59.5%的作业点监测结果超过5 kV/m；磁场强度最高值为11.437 μT，最低值为2.140 μT。主控室6个监测点电场强度平均值为0.099 kV/m，最高值为0.183 kV/m，最低值为0.002 kV/m；磁场强度最高值为0.318 μT，最低值为0.252 μT。继保室3个监测点电场强度平均值为0.058 kV/m，最高值为0.062 kV/m，最低值为0.002 kV/m；磁场强度最高值为0.337 μT，最低值为0.114 μT。主变7个监测点电场强度平均值为3.251 kV/m，最高值为6.696 kV/m，最低值为3.171 kV/m，57.1%的作业点监测结果超过5 kV/m；磁场强度最高值为5.268 μT，最低值为1.724 μT。

4. 66 kV变电站及其线路电磁场水平

陈青松等（2012）所测66 kV变电站为室内变电站，进出线路均为电缆，所有开关和刀闸均有铁柜进行封闭。最终共测66 kV作业区域16个点，办公室和保护室作业点2个。在66 kV变电站测得电场强度最小值为0.13 V/m，最大值为113.83 V/m，$\bar{x} \pm s$ =23.92 ±36.47 V/m；测得磁场强度最小值为1.60 μT，最大值为25.18 μT，$\bar{x} \pm s$ = 11.43 ±7.89 μT。办公环境和保护室的电场强度分别为2.92 V/m和0.13 V/m，磁场强度分别为0.80 μT和1.66 μT。所测变电站其电容器未投入使用。如表3－10所示。

表3－10　66 kV变电站电磁场强度

区　域	工频电场（kV/m）			工频磁场（μT）		
	$\bar{x} \pm s$	最小值	最大值	$\bar{x} \pm s$	最小值	最大值
变电站	23.92 ±36.47	0.13	113.83	16.92 ±33.27	1.60	25.18
66 kV区	0.17 ±0.03	0.13	0.19	9.66 ±9.87	1.60	22.13
10 kV区	1.35 ±0.61	0.54	2.31	9.12 ±7.03	2.33	18.90
变压器进线	27.20 ±15.22	16.43	37.96	6.70 ±2.84	4.70	8.71
变压器出线	79.90 ±24.82	55.42	113.83	19.04 ±4.71	14.12	25.18

5. 10 kV变电站及线路

10 kV变电站往往位于用电单位附近，将10 kV电变为220 V或380 V以便家庭或工业使用。10 kV电线往往位于马路边，我们所测两个10 kV民用变电站电场强度为12.25 V/m，磁场强度为0.65 μT。

6. 电缆工区

电缆工区管理该行政区所有的电缆线路，电缆可分为进入地面前的露天部分，埋在地下的部分和设立在地下走廊中的走廊部分，作业工人接触到的工频电磁场主要是来自于露天部分和地下走廊。我们检测了220 kV和66 kV电缆进入地下前的露天部分，和各电压等级电缆共同的电缆走廊。结果15个测点电场强度 $\bar{x} \pm s$ =710.49 ±1 299.83 V/m，最小值为地下电缆走廊，值为 1.56 V/m；最大值为 220 kV 某线 B 相电缆，值为 3 472.3 V/m。测得磁场强度 $\bar{x} \pm s = 13.48 \pm 13.87$ μT；最小值在露天 66 kV 电缆处，值为 0.48 μT；最大值位于地下电缆走廊，值为 51.99 μT。如表 3-11 所示。

表 3-11　电缆工区作业场所工频电磁场强度

区　域	工频电场（V/m）			工频磁场（μT）		
	$\bar{x} \pm s$	最小值	最大值	$\bar{x} \pm s$	最小值	最大值
露天区	1 316.4 ±1 565.6	21.43	3 472.3	5.49 ±7.04	0.48	20.12
66 kV	54.28 ±21.81	38.86	69.70	0.49 ±0.02	0.48	0.50
220 kV	1 821.3 ±1 600.5	21.43	3 472.3	7.50 ±7.53	1.24	20.12
地下电缆走廊	3.59 ±2.76	1.56	8.82	22.81 ±14.45	14.38	51.99

7. 个体磁场

电网企业接触工频电磁场的工人主要是变电站运行人员、变电站检修人员、线路巡视人员和线路检修人员。各电压等级变电送电人员相对固定，陈青松等（2012）对各级变电站运行和检修人员进行了工频磁场的个体计量。结果电网系统变电站及线路运行和检修作业工人当天接触磁场强度均方根值 $\bar{x} \pm s = 1.85 \pm 1.24$，接触磁场强度最大的为 500 kV 变电运行作业工人，每天平均 RMS 值为 3.61 μT，当天瞬间接触最大值达到 700.3 μT。接触磁场强度最小的为配电检修作业工人，每天平均 RMS 值为 0.34 μT。考虑到不同岗位每年作业天数不同，本研究根据公式 $H_{year} = H_{day} \times d/d_0$ 计算每年平均日磁场接触水平 $\bar{x} \pm s = 1.57 \pm 1.60$ μT，最高为 500 kV 变电运行岗位，值为 4.92 μT。如表 3-12 所示。

据 EMACL 2007 软件数据分析显示，线路作业人员磁场暴露强度整个班次磁场暴露较均匀，最高不超过 10 μT（图 3-5）。变电运行与检修人员暴露情况较复杂，据现场劳动卫生学调查和作业环境检测结果可知，该类作业人群不是全天在变电站现场作业，是定期或不定期在现场进行一段时间的作业，其磁场强度的高低与是否去现场和是否在电抗器和电容器等存在高工频磁场的场所停留高度相关（图 3-6）。

表 3-12　电网企业不同作业岗位工频磁场接触水平

岗位名称	每天接触现场时间（h）	H_{day}（$\bar{x} \pm s$）（RMS，μT）	瞬时最大值（μT）	每年工作天数（d）	H_{day}（μT）
500 kV 变电运行	3	3.61 ±6.79	700.3	300	4.92
500 kV 变电检修	6	1.32 ±0.39	52.1	160	0.96
500 kV 送电运行	2	0.48 ±0.13	4.60	120	0.26
220 kV 变电运行	3	1.42 ±0.35	113.0	300	1.94

续表 3－12

岗位名称	每天接触现场时间（h）	H_{day}（$\bar{x}\pm s$）(RMS，μT)	瞬时最大值（μT）	每年工作天数（d）	H_{day}（μT）
220 kV 变电检修	6	2.88 ±0.73	40.8	160	2.09
220 kV 送电运行检修	6	1.61 ±0.45	8.8	120	0.88
66 kV 变电运行	3	2.64 ±0.97	22.30	300	3.60
66 kV 变电检修	6	1.06 ±0.16	41.04	160	0.77
配电运行检修	6	0.34 ±0.14	14.9	160	0.24
配电运行循线	6	0.05 ±0.04	27.0	160	0.04

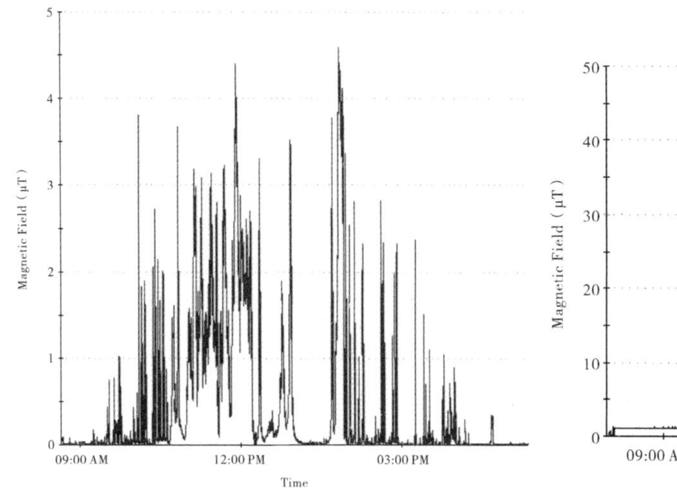

图 3－5　某巡线作业工人工频磁场实时暴露图

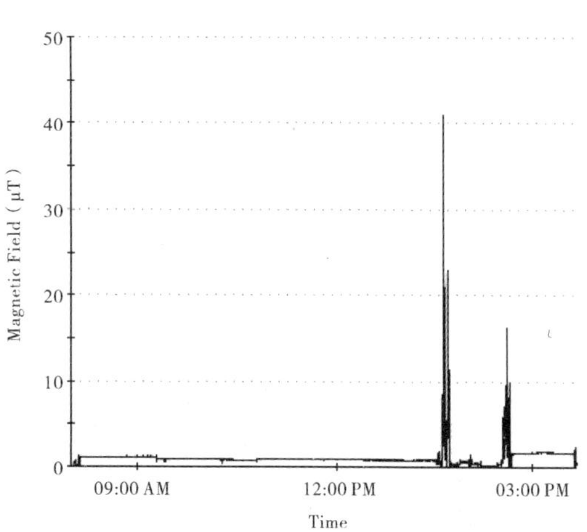

图 3－6　某变电运行作业工人工频磁场实时暴露图

第三节　汽车及零配件制造企业

汽车制造企业一般包括冲压车间、焊接车间、涂装车间、总装车间及公用工程等。其生产的工艺流程如图 3－7 所示，由冲压车间开始，冲压车间承担车身的大中型覆盖件的备料、冲压成型、质量检验以及成品储存和发放任务。成型冲压件运送到焊接车间，进行车身总成及其分总成的焊接装配。完成的白车身总成通过焊装—涂装通廊送至涂装车间，进行车身保护性涂层、装饰的涂装。涂装完车体输送至总装车间进行内饰装配、底盘装配、最终装配、发动机变速箱分装等。最后由品质车间检定完毕后运输至成品车停放场。汽车制造厂还包括公用工程的协助生产，如动力站、水泵房、变电站、污水处理站等。

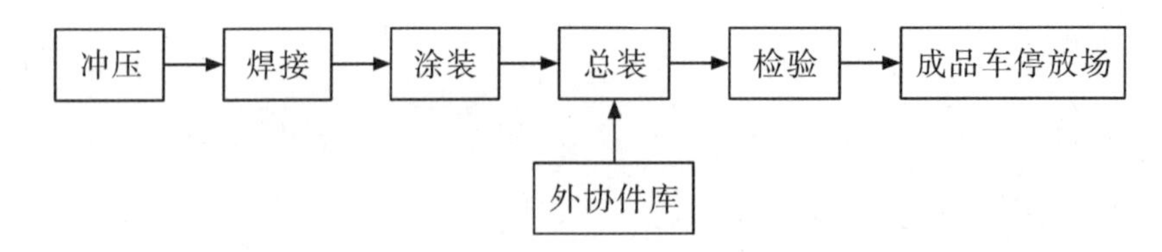

图3－7　汽车制造企业流程

点焊已经成为汽车制造工业中的主要连接工艺方法，在汽车制造工业中发挥着不可替代的重要作用。首先，点焊应用于汽车车身焊装，包括车身底板、侧围、车架、车顶、车门、车身总成等部分的焊接。其次，点焊还应用于汽车零部件的生产，包括横梁总成车挡托架的装配点焊、燃油箱上固定件的点焊、滤清器点焊、液力变矩器平衡片点焊、汽车制动蹄点焊等。

点焊机是采用双面双点过流焊接的原理，工作时两个电极加压工件使两层金属在两电极的压力下形成一定的接触电阻，而焊接电流从一电极流经另一电极时在两接触电阻点形成瞬间的热熔接。点焊时由于产生强电流，磁场强度往往较高。点焊机可分为固定式点焊机、悬挂式点焊机和点焊机器人等。点焊机最常采用的频率是50 Hz，也有采用1 kHz等其他频率的点焊机。

汽车制造行业点焊的劳动定员，在车身车间主要按照不同的位置进行分区分工，常包括车架段、左侧围段、右侧围段、车门段、下车身段等。

点焊岗位职业接触情况如下：

1. 50 Hz点焊作业岗位

徐国勇等（2014）共对2间汽车制造厂和1间汽车零部件制造厂点焊共172个作业岗位的电场强度进行了调查测量，对172个岗位工作人员的头、胸、腹共516个测点的工频磁场进行了调查测量。测得工频电场最大值为0.025 kV/m，远低于职业接触限值。工频磁场强度分别进行了6 min均方根值和峰值的测量，测得点焊作业岗位全部测点的RMS值为296.1±365.2 μT，最小RMS值为4.0 μT，最大RMS值为2 988.0 μT。其中有12.2%、21个岗位的RMS值超过1 000 μT。测得所有点焊作业岗位工频磁场峰值为1 057.1±1 577.6 μT，最小峰值为15.0 μT，最大峰值为13 435.0 μT。其中有37.8%、65个岗位峰值为1 000～5 000 μT；有7.6%、13个岗位峰值为5 000～10 000 μT；3个岗位峰值超过10 000 μT。详细结果如表3－13所示。

表3－13　焊接作业岗位工频电磁场接触水平

分组		电场强度（V/m）				磁场强度（μT）			
		例数 n	$\bar{x} \pm s$	最小值	最大值	例数 n	$\bar{x} \pm s$	最小值	最大值
50 Hz手动点焊	RMS	172	2.01±2.54	0.33	20.72	516	296.1±365.2	4.0	2 988.0
	最大值	172	5.09±5.73	0.84	25.34	516	1 057.1±1 577.6	15.0	13 435.0

续表 3 - 13

分组		电场强度（V/m）				磁场强度（μT）			
		例数 n	$\bar{x} \pm s$	最小值	最大值	例数 n	$\bar{x} \pm s$	最小值	最大值
1 kHz 手动点焊	RMS	36	2.40 ± 1.18	0.28	5.19	108	19.63 ± 20.75	1.24	126.0
	最大值	36	5.17 ± 2.57	0.69	10.13	108	75.79 ± 92.36	4.42	637.0
自动点焊作业场所		10	12	0.19	18	30	20.93	12.88	28.75
氩弧焊作业岗位		10	2	0.15	8	30	26.33	11.98	30.23

2. 1 kHz 点焊作业岗位

笔者对 1 个采用 1 kHz 点焊作业的工厂 36 个作业岗位的电场强度进行了调查测量，对 36 个岗位工作人员的头、胸、腹共 108 个测点的工频磁场进行了调查测量。测得工频电场 $\bar{x} \pm s = 2.40 \pm 1.18$ V/m，最小值为 0.28 V/m，最大值为 5.19 V/m。工频磁场强度分别进行了 6 min 均方根值（RMS）和峰值的测量，测得所有点焊作业岗位 RMS 值 $\bar{x} \pm s = 19.63 \pm 20.75$ μT，最小 RMS 值为 1.24 μT，最大 RMS 值为 126.0 μT。

另外，在自动点焊作业人员能到达的入口处测得最大值为 28.75 μT，均数为 20.93 μT；氩弧焊 18 个作业点工频磁场最大值为 30.23 μT，均数为 20.93 μT。调查未见相应电磁辐射个人防护。

表 3 - 14　4 个汽车制造厂手动点焊作业岗位工作人员工频电磁场接触水平/$\bar{x} \pm s$

分组	例数 n	电场强度（V/m）		磁场强度（μT）	
		RMS	峰值	RMS	峰值
A 汽车制造厂手动点焊作业岗位工作人员	66	2.04 ± 2.96	3.87 ± 6.56	214.9 ± 180.1	522.8 ± 447.9
头部	66	—	—	98.2 ± 76.6	241.1 ± 169.7
胸部	66	—	—	197.5 ± 124.6**	470.8 ± 248.2
腹部	66	—	—	348.8 ± 211.1*	856.5 ± 566.8*
B 汽车制造厂手动点焊作业岗位工作人员	50	3.07 ± 4.01	7.03 ± 5.93	544.1 ± 647.6	2 258.4 ± 2 512.5
头部	50	—	—	364.3 ± 403.5	1 429.1 ± 1 508.7
胸部	50	—	—	484.4 ± 391.8	1 984.4 ± 1 808.7
腹部	50	—	—	783.7 ± 612.5*	3 361.6 ± 3 092.4
C 汽车零部件制造厂点焊作业岗位工作人员	56	1.02 ± 1.11	2.75 ± 2.86	170.4 ± 251.6	614.2 ± 761.7
头部	56	—	—	120.1 ± 136.5	428.4 ± 549.4

续表 3－14

分组	例数 n	电场强度（V/m）		磁场强度（μT）	
		RMS	峰值	RMS	峰值
胸部	56	—	—	158.0 ± 118.9	557.2 ± 400.3
腹部	56	—	—	233.0 ± 390.7*	857.0 ± 1096.0
D厂 1 kHz 点焊作业岗位工作人员	36	2.40 ± 1.18	5.17 ± 2.57	19.63 ± 20.75	75.79 ± 92.36
头部	36	—	—	13.44 ± 17.01	48.76 ± 64.07
胸部	36	—	—	19.49 ± 18.09	75.46 ± 79.52
腹部	36	—	—	25.95 ± 24.86**	103.16 ± 118.87**

注：* 与头部、胸部均有显著差异，** 与头部有显著差异。

对 4 个不同工厂点焊作业岗位的头部、胸部、腹部不同部位的磁场强度进行了统计分析，详细结果如表 3－14 所示。结果表明：A 厂点焊作业岗位工作人员的腹部、胸部和头部的磁场强度均不相等，$F = 44.814$，$P < 0.01$，有显著差异。B 厂 $F = 10.119$，$P < 0.01$，有显著差异；对三个部位进行两两比较后发现腹部与头部、胸部均有差异，头部和胸部无明显差异。C 厂 $F = 2.991$，$P = 0.053 > 0.05$，无明显差异；但对三个部位进行两两比较后发现腹部磁场强度与头部磁场强度有明显差异，腹部与胸部和胸部与头部的磁场强度无明显差异。

第四节　电力运输行业

电气化铁路，亦称电化铁路，是由电力机车或动车组这两种铁路列车（即通称的火车）为主所行走的铁路。电气化铁路的牵引动力是电力机车，机车本身不带能源，所需能源由电力牵引供电系统提供。牵引供电系统主要是指牵引变电所和接触网两大部分。变电所设在铁道附近，它将从发电厂经高压输电线送来的电流送到铁路上空的接触网上。接触网是向电力机车直接输送电能的设备，其电压常为 27.5 ～29 kV。

电力运输行业存在工频电磁场的作业地点包括车厢、车厢连接处、轨道、站台、出勤室/值班室、电力司机室、站检作业室、机车发电室、接触网、机器间等。接触工频电磁场的岗位有电力机车司机、变电工、变电所值班员、接触网工、线路工等。电力牵引工频高压产生的电磁场主要存在于接触网下以及牵引变电所内。接触网工、线路工同时受电场和磁场影响，而司机和变电工以磁场为主。电力机车司机作业岗位接触电场强度最高值在轨道间（多股道站场的接触网下和牵引变电所内的电流互感器、断路器等设备周围），最低值在出勤室。接触磁场强度最高值在电力机车机器间，最低值在出

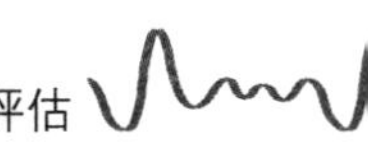

勤室。

孙慧琳（2006）、刘移民等（2008）对30个电力牵引机车作业地点进行工频电磁场检测，各检测点电场强度的波动范围为0.048～3 200 V/m，最低值为出勤室，最高值为列检所旁两轨间；各检测点磁场强度的平均值为1.15 ± 15.76 μT，波动范围为0.009～31.76 μT，最低值为蓝箭2号车厢，最高值为SS_8机器间。详细结果如表3－15至表3－19所示。

表3－15　电力机车司机作业场所电场强度检测结果（V/m）

检测地点	电场强度	波动范围
出勤室	0.062 ±0.006	(0.047, 0.0685)
车库整备线二道	868 ±32	(832, 391)
整备线	1 670 ±53	(1 615, 1 723)
SS_8电力机车66号车：		
开车前	0.06 ±0.003	(0.055, 0.064)
行进中1	0.10 ±0.001	(0.08, 0.11)
行进中2	0.08 ±0.002	(0.072, 0.082)
进站	0.08 ±0.002	(0.071, 0.084)
机器间	4.1 ±0.09	(4.02, 4.21)
深圳站：		
三站台六道	831.8 ±12.3	(820, 843.2)
三站台头	24.6 ±1.2	(23.2, 25.9)
八道与十道间	1 600 ±23	(1 583, 1 624)
蓝箭车：		
蓝箭车旁四站台	849 ±12	(831, 864)
机器间	0.07 ±0.006	(0.062, 0.077)
驾驶室开车前	0.09 ±0.008	(0.082, 0.1)
启动时	0.22 ±0.002	(0.211, 0.223)
行驶1	0.124 ±0.005	(0.116, 0.135)
行驶2	0.18 ±0.006	(0.162, 0.184)
行驶3	0.1 ±0.01	(0.008, 0.112)
入站	0.485 ±0.002	(0.481, 0.49)
2号车厢	6.9 ±0.123	(6.752, 7.12)

续表 3－15

检测地点	电场强度	波动范围
广州东站：		
五站台六道	852 ±23	(821，880)
外勤值班室	1.055 ±0.01	(1.043，1.062)
站检作业室	0.06 ±0.002	(0.053，0.063)
二站台十六道	875 ±23	(854，899)
办公室二楼	0.068 ±0.002	(0.064，0.071)
四站台六道	1 060.9 ±23	(1 056.2，1 085.5)
二站台十二道	818 ±10	(808，828)
十二道与十四道间	1 970 ±32	(1 954，2 011)
列检所旁两轨间	3 200 ±65	(3 156，3 223)
机车发电室	7 ±0.02	(6.86，7.03)

表 3－16　电力机车司机作业场所电场强度检测结果级段分布

电场强度（V/m）	点　数	百分比（%）
<1	14	47
1 ～	11	37
1 000 ～	5	16
合　计	30	100

表 3－17　电力机车司机作业场所磁场强度检测结果（μT）

检测地点	磁场强度	波动范围
出勤室	0.014 ±0.003	(0.01，0.02)
车库整备线二道	0.048 ±0.006	(0.041，0.065)
整备线	0.097 ±0.007	(0.089，0.101)
SS_8 电力机车 66 号车：		
开车前	0.05 ±0.004	(0.041，0.065)
行进中 1	0.12 ±0.04	(0.112，0.125)
行进中 2	0.15 ±0.005	(0.141，0.155)
进站	0.06 ±0.006	(0.056，0.067)
机器间	31.64 ±0.9	(30.12，31.76)

续表 3－17

检 测 地 点	磁场强度	波动范围
深圳站：		
三站台六道	0.02 ±0.006	(0.014，0.027)
三站台头	0.21 ±0.01	(0.201，0.22)
八道与十道间	0.08 ±0.009	(0.07，0.09)
蓝箭车：		
蓝箭车旁四站台	0.135 ±0.001	(0.132，0.137)
机器间	0.4 ±0.02	(0.038，0.043)
驾驶室开车前	0.028 ±0.005	(0.023，0.033)
启动时	0.057 ±0.012	(0.041，0.065)
行驶 1	0.087 ±0.006	(0.075，0.098)
行驶 2	0.07 ±0.006	(0.065，0.075)
行驶 3	0.067 ±0.005	(0.059，0.073)
入站	0.08 ±0.002	(0.041，0.065)
2 号车厢	0.012 ±0.001	(0.011，0.014)
广州东站：		
五站台六道	0.045 ±0.003	(0.041，0.059)
外勤值班室	0.013 ±0.002	(0.009，0.016)
站检作业室	0.017 ±0.001	(0.015，0.019)
二站台十六道	0.208 ±0.06	(0.206，0.215)
办公室二楼	0.08 ±0.009	(0.072，0.089)
四站台六道	0.02 ±0.007	(0.012，0.028)
二站台十二道	0.104 ±0.03	(0.101，0.109)
十二道与十四道间	0.063 ±0.008	(0.059，0.069)
列检所旁两轨间	0.15 ±0.03	(0.11，0.185)
机车发电室	0.36 ±0.06	(0.290，0.42)

表 3－18　电力机车司机作业场所磁场检测结果级段分布表

磁场强度（μT）	点数	百分比（%）
<0.1	20	66.67
0.1 ～	5	16.67
0.2 ～	5	16.67
合　　计	30	100

表 3－19　电力机车司机作业场所电场、磁场强度检测结果

作　业　点	电场强度（V/m）	磁场强度（μT）	接触时间（h）
车厢	0.09 ±0.01	0.10 ±0.01	1.50
出勤室	0.06 ±0.002	0.01 ±0.005	1.50
车厢连接处	22.31 ±1.52	0.25 ±0.06	0.50
轨道	3 200.00 ±54.00	0.28 ±0.80	1.50
接触网	1 250.00 ±54.00	1.53 ±3.26	0.50
机器间	834.45 ±53.60	25.41 ±3.62	0.50
平均值 M（P_{25}，P_{75}）	78.00（0.42，485.32）	0.087（0.020，0.195）	

注：检测时点为列车启动、运行、交会、进站、检修时间段。

朱绍忠（2004）对某铁路分局电气化铁路主要工种作业环境进行工频电磁场强度的测定。结果显示电气化铁路工作环境中均有不同强度的工频电磁场存在，其中接触网工、线路工同时受电场和磁场影响，而司机和变电工以接触磁场为主。如表 3－20 所示。

表 3－20　电气化铁路工作人员接触水平

工　　种	日暴露强度	
	电场［(kV/m)·h］	磁场（mT·h）
电力机车司机	低于检出限	0.938
变电工	1.69	0.532
接触网工、线路工	3.25	0.245

谢健华等（2005）、朱连标等（2001），对福州铁路分局变电所值班员、电力机车司机、接触网工和线路工作业环境进行工频电磁场检测。电场强度测定结果为 3.1 ± 2.2 kV/m，在多股道站场的接触网下和牵引变电所内的电流互感器、断路器等设备周围的电场强度较高，最大值可达 13.0 kV/m。磁感应强度测定结果为 0.13 ±0.14 mT，测定结果范围为 0.01 ～0.92 mT，电力机车机器间的磁感应强度最高。详细结果如表 3－21、表 3－22 所示。

表3－21　铁路电力牵引工作人员工频电磁场强度及接触时间（$X \pm s$）

工　　种	测定地点	电场强度（kV/m）	磁场强度（mT）	日暴露时间（h）
变电所值班员	主控室	未检出＊	0.06±0.04	7.35±0.44
	外环境	2.6±2.8	0.14±0.15	0.65±0.44
电力机车司机	司机室	未检出＊	0.12±0.10	4.02±0.89
	机器间	未检出＊	0.34±0.19	1.34±0.89
接触网工	接触网下	1.3±4.3	0.098±0.06	2.50±0.71
线路工	接触网下	1.3±4.3	0.098±0.06	2.50±0.34

注：＊仪器为上海交通大学研制的JD－ACS工频场强仪。

表3－22　工铁路电力牵引工作人员工频电磁场接触强度及接触时间

测试地点	电场强度（kV/m）	磁场强度（mT）	日暴露时间（h）	日暴露强度	
				电场（kV/m）	磁场（mT）
接触网下变电所电力司机机室	3.1±2.2	0.13±0.14	4.59±2.64	2.73±0.9	0.49±0.33

第五节　其他作业环境

一、电炉炼钢厂

电炉炼钢厂电炉附近存在一定强度的工频电磁场，陈青松等（2009）对电炉控制室和电炉作业平台进行了布点测量，电炉控制室磁场强度为9.45 μT，电炉平台测得磁场强度 $\bar{x} \pm s = 38.40 \pm 16.96$ μT。所有测点电场强度均低于0.01 kV/m。

二、配电柜

对23家工厂的变配电室共111个作业点的工频电磁场进行了调查测量，结果测得工频电场最大值为0.033 kV/m，中位数为0.002 kV/m；工频磁场最小值为0.04 μT，最大值为109.93 μT，只有一个测点工频磁场大于100 μT，66%测点的工频磁场均小于10 μT。

三、控制室及办公环境

对10家企业的控制室和办公室88个作业点进行了工频电磁场的测量，仅有一个点因靠近变压器室其工频电场为 0.102 kV/m，其余各点工频电场均小于 0.05 kV/m；工频磁场最低为 0.030 μT，最高值为 10.380 μT，均数为 0.604 μT。

第六节　WHO 对工作环境暴露的评估

WHO 于 2007 年发布的低频电磁场环境健康准则 238 文件中按磁场和电场分别对不同行业的作业人员及工作环境进行了暴露评估，结果如下：

一、磁场职业暴露的评估

1. 职业人群的接触情况

在一些调查中发现磁场高暴露岗位主要是出现在铁路火车司机（约 4 μT）和缝纫工（约 3 μT）。另外，Zaffannela（1998）调查了各种各样职业中 525 名工人的磁场职业暴露情况，如表 3－23 所示。对于一般人群来说，平均工作暴露是比较低的，只有 4% 是暴露在 0.5 μT 之上的磁场中。

表 3－23　不同行业工人磁场职业暴露情况

类　型	样品数	均数（μT）	标准差（μT）	几何均数（μT）	几何标准差（μT）
管理和有专业特色的职业	204	0.164	0.282	0.099	2.47
技术、销售和行政支持的职业	166	0.158	0.167	0.109	2.03
（保护、食品、卫生、清洁和个人等）服务性的职业	71	0.274	0.442	0.159	2.55
农业、林业和渔业	19	0.091	0.141	0.045	2.97
精密的生产和制作以及维修的职业，还有运营商、制造商和工人	128	0.173	0.415	0.089	2.80
电气相关职业，如电气工程师、收音机和电报操作员、电厂操作员、焊工等	16	0.215	0.162	0.161	2.25

2. 工作环境中的低频磁场水平

Forssén 等（2004）调查了职业环境中的低频磁场暴露情况，如表 3－24 所示。

表3－24　职业环境中的低频磁场暴露情况

环　境	采样数	算术均数/几何均数（几何标准差）（μT）		在相应暴露水平以上的工作时间的比例和数量			
		时间加权平均值	最大值	<0.1 μT	0.1～0.2 μT	0.2～0.3 μT	≥0.3 μT
卫生保健	67	0.11/0.10（0.07）	2.62/2.10（1.90）	66%（29）	20%（18）	8%（10）	7%（10）
医院	27	0.09/0.08（0.05）	3.01/2.37（2.26）	77%（21）	13%（14）	6%（8）	4%（6）
其他	40	0.13/0.11（0.08）	2.35/1.94（1.58）	59%（31）	24%（20）	9%（11）	9%（12）
学校和托儿所	55	0.15/0.12（0.10）	5.41/2.12（16.49）	62%（27）	20%（16）	8%（8）	10%（12）
大型厨房	34	0.38/0.28（0.43）	5.97/4.67（4.55）	30%（27）	20%（11）	15%（12）	36%（27）
办公室	127	0.16/0.12（0.13）	2.41/1.73（2.32）	55%（38）	25%（26）	9%（14）	12%（22）
商店和小卖部	33	0.31/0.26（0.17）	5.84/2.55（18.21）	26%（29）	17%（13）	17%（13）	40%（30）

二、电场职业暴露的评估

在众多控制室中央，London 等（1991）测量的短时间电场强度的平均数为 7.98 V/m，Savitz 等（1988）测量的中位数低于 9 V/m。McBride 等（1999）在长时间测量中的中位数为 12.2 V/m。其余大多为家庭环境的测量数据。

三、暴露评估结论

在某些电气设备附近，瞬间的磁场强度能够达到几百 μT。在高压线附近，磁场可以达到 20 μT 左右，而电场可以达到几百 V/m。

职业暴露中，“电气职业”工作场所的平均磁场暴露高于其他职业（例如办公室工作）。电工和电气工程师的磁场暴露为 0.4～0.6 μT，电力线路工人约为 1.0 μT，焊接工、铁路机车驾驶员和缝纫机操作工的暴露最高，超过 3 μT。工作场所最大磁场暴露可达 10 mT，这些是与存在大电流导线有关。在供电行业，工人的电场暴露可达 30 kV/m。

第四章　工作场所低频电磁场的接触限值及测量方法

第一节　低频电磁场的职业接触限值

为控制低频电磁场的职业危害，众多国家和组织制定了低频电磁场的职业接触限值（occupational exposure limits，OELs）。其中，ICNIRP、IEEE、ACGIH 等制定的限值被广泛引用。在亚洲，日本的时变低频电磁场职业接触容许值比较全面而细致。在制定电场、磁场 OELs 时，各国家和组织首先对相关的文献和标准（如 ICNIRP 相关导则）进行综述，确定一个健康效应阈值。在该值的基础上考虑安全性等因素，给定一个安全系数，获得基本限值。基本限值的物理量往往无法在现场直接检测，需通过模型计算转换其单位，形成导出限值，也就是最终的电磁场 OELs。本节总结了以上几个重要的低频电磁场 OELs，并与我国 OELs 进行比较。

一、ICNIRP 低频电磁场职业接触推荐水平

ICNIRP（2010）对大量文献进行综述后提出，根据 Nyenhuis（2001）和 So（2004）等磁共振研究数据运用人体异质模型进行了组织中感应电场的更精确计算，假定刺激发生在皮肤或皮下脂肪，估计周围神经刺激的最小阈值在 4 ～6 V/m。随着刺激增强，不适和痛感相继而来，在超过感觉阈值约 20% 时出现不能忍受刺激的最低相对值（ICNIRP，2004）。对任何一类神经，在频率高于 1 kHz 时，由于神经细胞膜上可供电荷积累的时间逐渐变短，阈值开始上升。在约 10 Hz 以下，由于神经对缓慢去极化刺激的适应，阈值也会上升。低于直接神经或肌肉兴奋阈值的电场已确定的最显著影响是磁光幻视感应，即一种暴露在低频磁场中的志愿者视网膜视野范围内微弱的光闪烁感觉。产生磁光幻视的最小磁通密度阈值在 20 Hz 时约为 5 mT，频率较高和较低时阈值上升。频率在 20 Hz 时，视网膜感应磁光幻视的兴奋阈值为 50 ～100 mV/m。这些均是已确定了的影响，是 ICNIRP 作为导则的基础。根据以上考虑，对频率范围从 10 Hz 到 25 Hz，职业接触应限制头部中枢神经系统组织（即脑和视网膜）中感应电场强度不超过 50 mV/m，以避免视网膜光幻视。在较高和较低频率，光幻视阈值迅速提高；频率在 400 Hz，光幻视阈值与对周围和中央有髓神经刺激的阈值曲线相交，如图 4 －1 所示。频率在 400 Hz 以上，周围神经刺激的阈值适用于身体的所有部位。

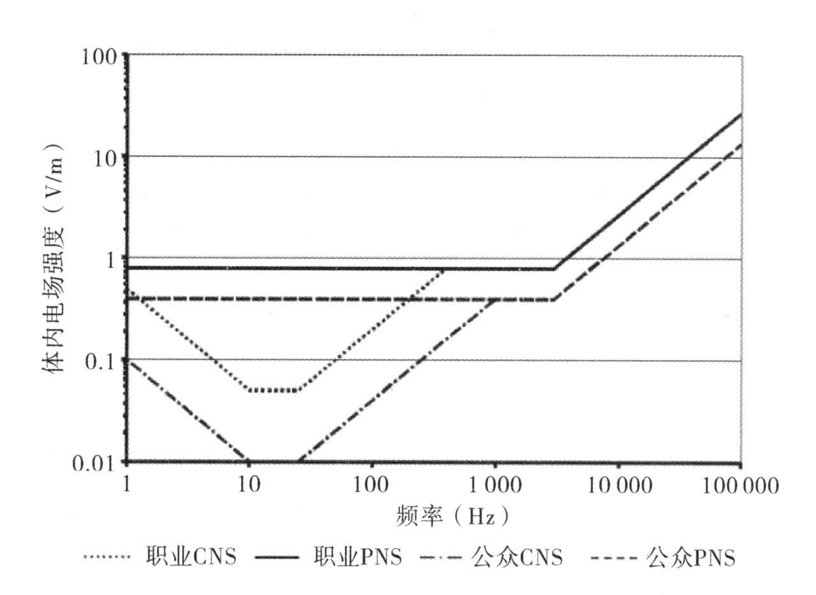

图4－1　以CNS和PNS组织内电场强度确定的公众暴露和职业暴露基本限值

另外，为了避免周围和中枢有髓神经刺激，应限制头部和躯体内感应电场不超过800 mV/m。该值是考虑了以上所述的不确定性，对于周围神经刺激阈值4～6 V/m而言，赋予了5倍以上的安全系数。该限值在频率超过3 kHz时上升。ICNIRP基本限值如表4－1所示。基本限值确定后，ICNIRP通过简化方法计算出导出限值，该导出限值并没有考虑导电性不均匀分布和异向性等因素，而是表示场与接触个体的最大耦合状态，因此可提供更大的防护，导出限值如表4－2、表4－3所示。

表4－1　ICNIRP和IEEE低频电磁场职业接触基本限值

ICNIRP			IEEE		
接触组织	频段	体内电场（V/m）	接触组织	频段	电场强度（RMS，V/m）
头部中枢神经组织	1～10 Hz	$0.5/f$	脑	20 Hz	1.77×10^{-2}
	10～25 Hz	0.05	心	167 Hz	0.943
	25～400 Hz	$2\times10^{-3}f$	手、腕、脚、踝	3 350 Hz	2.10
	400 Hz～3 kHz	0.8	其他组织	3 350 Hz	2.10
	3 kHz～10 MHz	$2.7\times10^{-4}f$			
头部和躯体所有组织	1 Hz～3 kHz	0.8			
	3 kHz～10 MHz	$2.7\times10^{-4}f$			

注：f按频率栏里频率计。

表 4－2　部分国家和组织低频磁场 OELs

ICNIRP		IEEE		ACGIH		日　本		中　国	
频段	磁通密度 B（mT）	频段	磁通密度 B（mT）	频段	磁通密度 B（mT）	频段	磁通密度 B（mT）	频段	磁通密度 B（mT）
< 1 Hz	200	<0.153 Hz	353	1 ～300 Hz	$60/f$; $300/f^{*}$; $600/f^{**}$	0.25 ～500 Hz	$50/f$	-	-
1 ～8 Hz	$200/f^{2}$	0.153 ～20 Hz	$54.3/f$; 353^{**}	0.3 ～30 kHz	0.2	0.5 ～60 kHz	0.1	1 ～8 Hz	$200/f^{2}$
8 ～25 Hz	$25/f$	20 ～759 Hz	2.71; $3\,790/f$（<10.7 为353）**	30 ～100 kHz	163 A/m	60 ～100 kHz	$6/f$	8 ～25 Hz	$25/f$
25 ～300 Hz	1	0.759 ～3.5 kHz	$2.06/f$; $3.79/f^{**}$	—	—	—	—	25 ～300 Hz	1
300 Hz ～3 kHz	$300/f$	3.5 ～100 kHz	0.615	—	—	—	—	300 ～3 kHz	$300/f$
3 ～10 MHz	0.1	—	—	—	—	—	—	3 ～100 kHz	0.1

注：f 按频率栏里频率计；＊臂及腿接触上限值；＊＊手和足接触上限值。

表 4－3　部分国家和组织低频电场 OELs

ICNIRP		IEEE		ACGIH		日　本		中　国	
频段	电场强度 E(kV/m)	频段	电场强度 E(V/m)	频段	电场强度 E(V/m)	频段	电场强度 E(V/m)	频段	电场强度 E(kV/m)
1 ～25 Hz	20	1 ～368 Hz	2.0×10^{4}	～100 Hz	2.5×10^{4}	1.0 ～25 Hz	2.0×10^{4}	1 ～25 Hz	20
25 ～3 000 Hz	$5\times10^{2}/f$	0.368 ～3 kHz	$5.44\times10^{3}/f$	0.1 ～4 kHz	$2.5\times10^{3}/f$	0.025 ～0.814 kHz	$500/f$	25 ～3000 Hz	$5\times10^{2}/f$
3 ～100 kHz	1.7×10^{-1}	3 ～100 kHz	1 813	4 ～30 kHz	625	0.814 ～100 kHz	614	3 ～100 kHz	1.7×10^{-1}
—	—	—	—	30 ～100 kHz	614	—	—	—	—

注：f 按频率栏里频率计。

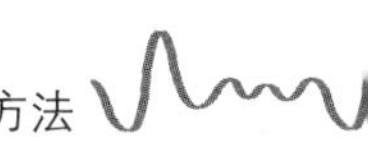

二、IEEE 低频电磁场最大容许接触水平

IEEE 把 3 kHz 以下的电磁场作为低频电磁场，发布了标准 C95.6—2002《IEEE 人接触 0 ～3 kHz 电磁场安全水平标准》（IEEE，2002），规定了 0 ～3 kHz 低频电磁场的接触限值，并于 2007 年进行了修订。频率为 3 kHz ～300 GHz 的电磁场作为射频电磁场，在 C95.1—2005《IEEE 人接触 3 kHz ～ 300 GHz 射频电磁场安全水平标准》（IEEE，2006）中进行了规定。频率为 1 Hz ～3 kHz 的电磁场的基本限值（表 4 －1）同时考虑了健康影响阈值、人群分布及安全因子，主要是防止电磁场所产生的体内电场导致机体神经、肌肉膜去极化而致不良健康效应（Reilly，2000，2002）。频率小于 1 Hz时，磁流体动力（学）效应使体液中电荷产生移动，从而引起生物反应。IEEE 认为以上这些机制产生的效应均为短期效应，其导致的电磁场反应在接触后几秒钟表现出来，故在制定限值时为空间最大容许接触水平（maximum permissible exposure levels，MPEs）。避免的短期效应为：令人厌恶的疼痛和刺激；当进行潜在危害活动时，可能导致肌肉刺激引起伤害；心脏刺激；与感应电压或体内如血液快速流动电荷相联系的不良效应等。由相应基本限值转换的导出限值为 MPEs（表 4 －2、表 4 －3）。除了所列的基本限值外，IEEE 规定 10 Hz 以下头和躯干职业接触的磁场峰值应该被限制在 500 mT 以下。

三、ACGIH 亚射频电磁场阈限值

ACGIH 把 30 kHz 以下的电磁场称为亚射频电磁场（sub-radiofrequency，sub-RF），1 ～300 Hz 为极低频。ACGIH 每年对大量标准及文献进行综述，不断修订其阈限值（threshold limit values，TLVs）。目前，ACGIH 认为（ACGIH，2009；张敏，2007），由于缺少足够的健康影响数据，抛开职业或公众工频电磁场接触与癌症的相关性，当亚射频磁场诱导体内电流密度≤10 mA/m^2 时，不支持产生强的有害效应；当亚射频磁场诱导体内电流密度在 10 ～100 mA/m^{2}时，会出现视觉和神经系统的健康影响；当亚射频磁场诱导体内电流密度在 100 ～1 000 mA/m^2 时，组织受刺激易引起兴奋并导致健康危害；当亚射频磁场诱导体内电流密度在超过 1 000 mA/m^2 时，会出现心脏额外收缩及心室纤颤。ACGIH 亚射频电磁场 TLVs（表 4 －2、表 4 －3）的确定以人体最大电流密度 10 mA/m^2（RMS）为基本限值。根据小型横断面研究，对于四肢接触而言，手和脚的接触可增加 10 倍，腿和臂的接触可增加 5 倍。ACGIH 相对 ICNIRP 和 IEEE OELs 的最大不同在于规定了避免起搏器佩戴者被电磁干扰的 TLV。频率为工频（50 Hz/60 Hz）时，建议电场强度≤1 kV/m，磁通密度≤0.1 mT，避免起搏器簧片受干扰等。

四、日本时变低频电磁场职业接触容许值

日本职业卫生协会（Japanese Society of Occupation Health，JSOH）推荐的预防工作场所非电离辐射引起劳动者健康损害的使用指南规定，频率在 0.25 Hz ～100 kHz 的电磁场称为时变低频电磁场（low frequency time-varying electric and magnetic fields）。JSOH 认为，时变电磁场对机体的作用是诱导电流所致。根据体内外实验，在低频范围，

100～1 000 mA/m^2 的电流密度能够刺激末梢及中枢神经系统（WHO，1987）。因此，容许值是在人体内产生 100 mA/m^{2}的 1/10 的电流密度（基本限值），即 10 mA/m^2 电磁场水平以下的电场和磁场强度。该方案将基本限值的 1/3 的诱导电流值设为可达到的水平。JSOH 推荐的职业接触限值如表 4－2 和表 4－3 所示（日本产业卫生学会许容浓度委员会，1988）。

五、我国低频电磁场职业接触限值

1. 我国低频电磁场接触限值

我国电磁辐射标准较多，但已颁布实施的标准中对 100 kHz 以下电磁场的公众或职业接触均没有全面细致的规定。GBZ 1—2010《工业企业设计卫生标准》和 GBZ 2.2—2007《工作场所有害因素职业接触限值　第 2 部分：物理因素》所规定的 OELs 只有 50 Hz 工频电场的 OEL，未对磁场强度和其他频率的电场规定限值。DL/T 799.7—2010《电力行业劳动环境监测技术规范　第 7 部分：工频电场、磁场监测》参考 ICNIRP 1998 年的导则，建议工频磁场职业接触限值为 500 μT。GB 8702—88《电磁辐射防护规定》也只规定了频率 100 kHz 以上电磁辐射的限值，只针对公众人群。目前，我国环保部门和卫生部门也在积极制定公众在低频电磁场的接触限值，并形成了相应的文本，但尚未发布。截至 2011 年，我国电磁辐射相关国家标准缺乏系统全面的 OELs，加上相关国家标准往往较少考虑经济技术可行性，使得在现实工作中较难对该频段电磁场危害进行识别、检测和评价。

在此基础上，编者于 2010 年承担了低频电磁场国家职业卫生标准制修订项目，通过对我国低频电磁场职业接触现况调查、不同剂量低频磁场对作业工人慢性健康影响探讨，以及对 100 kHz 以下电磁场健康影响文献的系统评价，最后从符合健康和经济技术可行性两方面考虑，提出了我国低频电磁场职业接触推荐限值。

2. 我国低频电磁场职业接触推荐限值

推荐限值是在原有工频电场限值的基础上，评估了实验室研究和人类接触研究的现有数据后制定，该限值考虑了 1 Hz ～ 100 kHz 电磁场急性健康影响，低频电场和磁场短时职业接触限值，同时保留了以往标准中工频电场的 8 h 职业接触限值。

（1）急性健康效应阈值及基本限值的确定。

a. 不同频段体内感应电场急性健康影响

虽然目前的研究尚不能明确低频电磁场对人群慢性健康的影响，但低频电磁场暴露对神经系统的急性效应有一些已被确认，如对神经和肌肉组织的直接刺激以及引发视网膜光幻视。也有间接科学证据显示，视觉过程和运动协调性等脑功能可能也会受感应电场的短暂影响。所有这些影响都有阈值，低于阈值就不会发生，只要符合体内感应电场的基本限值（表 4－4），这些影响就可以避免。

根据 Nyenhuis（2001）磁共振研究数据运用人体异质模型进行了组织中感应电场的更精确计算，假定刺激发生在皮肤或皮下脂肪，估计周围神经刺激的最小阈值在 4 ～6 V/m。随着刺激增强，不适和痛感相继而来，在超过感觉阈值约 20% 时出现不能忍受刺激的最低相对值（ICNIRP，2004）。中枢神经系统中的有髓神经纤维可以被经颅磁刺激（transcranial magnetic stimulation，TMS）感应的电场所兴奋。尽管理论计算表明最小刺激阈值可能会低至 10 V/m 以下，但皮质组织在 TMS 过程中感应的脉冲场非常高（>100 V/m 峰值）（Reilly，1998，2002）。对任何一类神经，在频率为高于 1 kHz 时，由于神经细胞膜上可供电荷积累的时间逐渐变短，阈值开始上升。在约 10 Hz 以下，由于神经对缓慢去极化刺激的适应，阈值也会上升。

肌肉细胞通常比神经组织对直接刺激更不敏感（Reilly，1998），心肌应受到特别关注，这是因为它的功能异常是对生命的潜在威胁。然而，心室纤颤阈值要比心肌兴奋的阈值高 50 倍或以上（Reilly，2002），虽然在心脏循环的易损期内心脏如果受到反复刺激时这个倍数将显著下降。在频率超过 120 Hz 时，由于肌肉纤维与有髓神经纤维相比时间常数要长得多，因此其兴奋的阈值会增加。

低于神经或肌肉兴奋阈值的电场，已确定的最显著影响是磁光幻视感应，即一种暴露在低频磁场中的志愿者视网膜视野范围内微弱的光闪烁感觉。产生磁光幻视的最小磁通密度阈值在 20 Hz 时约为 5 mT，频率较高和较低时阈值上升。在这些研究中，磁光幻视是感应电场与视网膜中可兴奋细胞相互作用的结果（Attwell，2003）。频率在 20 Hz 时，视网膜感应磁光幻视的兴奋阈值为 50 ～100 mV/m。频率更高和更低时阈值增高（Saunders，2007），当然，这些值还有很大的不确定性。

按照 ICNIRP 导则（ICNIRP，2009）的推荐，考虑存在一些职业环境，在接受适当的指导与培训后，工人自愿、知情地经历暂时的影响（诸如视网膜光幻视和某些脑功能可能的细微变化）是合理的，因为它们不会导致长期或病理上的健康影响。在这种情况下，为了避免周围和中枢有髓神经刺激，应限制整个躯体的暴露。

根据以上考虑，对频率范围从 10 Hz 到 25 Hz 的职业暴露，应控制头部中枢神经组织（即脑和视网膜）中的感应电场强度在 50 mV/m 以下，以避免视网膜光幻视。该限值也应当能够防止产生任何对脑功能可能的暂时影响。尽管这些影响未被认为是有损健康的影响，但它们可能在某些职业条件下形成干扰，应当予以避免。在较高和较低频率，光幻视阈值迅速提高，频率在 400 Hz，光幻视阈值与对周围和中枢有髓神经刺激的阈值曲线相交。频率在 400 Hz 以上，周围神经刺激的阈值适用于身体的所有部位。在受控环境中的暴露，工人被告知这样的暴露可能有短暂的健康影响，为了避免周围和中枢有髓神经刺激，应限制头部和躯体内感应电场不超过 800 mV/m。该值是考虑了以上所述的不确定性，对于周围神经刺激阈值 4 ～6 V/m 而言，赋予了 5 倍以上的安全系数。该限值在频率超过 3 kHz 时上升。详见表 4 -4。

大量的研究讨论了工频电场对心脏起搏器的影响。研究认为，在某些情况下，电磁场干扰能影响心脏起搏器的功能，如引起期前收缩，抑制心脏起搏器信号，改变心脏起搏器节律以及反转起搏器的功能，异常搏动等。Moss 和 Carstensen（1985）观察了戴有单极心脏起搏器患者暴露于工频电场 2 ～9 kV/m、工频磁场为 47 ～175 μT 的效应，结果植入的双极心脏起搏器不受影响，所有单极心脏起搏器也没有影响。研究者认为，心脏起搏器对 1 ～2 mV、10 ～40 ms 脉冲宽度范围的输入信号最为敏感，他们能影响肌肉活动和电磁干扰。Griffin（2000）等认为安装心脏起搏器的患者在以下情况存在严重的电磁干扰风险：心脏起搏器类型，特别是几个被发现有影响的单极模型；佩戴者完全依赖于心脏起搏器；干扰影响的时间足够长（5 ～ 10 s）。他还对存在这些风险的患者的数量进行了估计，考虑50%心脏起搏器为单极设计且10%～20%单极模型易受影响，20%～25%的佩戴者完全依赖心脏起搏器，在50万心脏起搏器佩戴者中，5 000 ～12 500名存在受电磁干扰的风险。

b. 短时职业接触限值的确定

基本限值依据体内感应电场强度阈值制定（表4－4）。体内感应电场强度的测定在实际的职业卫生检测工作中难以实现，为了便于电磁场的检测和评价，推荐的限值是将体内感应电场强度转换成体外的电场和磁场强度。推荐限值是使用已研究发表的数学模型，由基本限值获得（Dimbylow，2005，2006）。它们是按照场对人体暴露最大耦合条件计算得到的，同时也考虑了频率相关性和剂量不确定性，赋予了3倍的附加安全系数，因而可提供最大保护。所提出的推荐限值考虑了两种不同的效应，即脑中感应电场产生的中枢神经系统效应和身体任何部位非中枢神经组织感应电场产生的周围神经效应。低频电磁场短时职业接触推荐限值如表4－5所示。

表4－4 不同频段体内电场急性健康影响阈值及基本限值

频率范围	体内感应电场健康影响阈值（V/m）	健康效应	体内感应电场基本限值（V/m）	体外电场强度限值（kV/m）	体外磁场强度限值 H（A/m）
1 ～10 Hz	$0.5/f$（4 ～6）	磁光幻视（周围及中枢神经刺激）	$0.5/f$	20	$1.63\times10^5/f^2$
10 ～25 Hz	0.05 ～0.1（4 ～6）	磁光幻视（周围及中枢神经刺激）	0.05	20	$2\times10^4/f$
25 ～400 Hz	$2\times10^{-3}f$（4 ～6）	磁光幻视（周围及中枢神经刺激）	$2\times10^{-3}f$	$5\times10^2/f$	8×10^2
400 Hz ～3 kHz	4 ～6	光幻视、周围及中枢神经刺激阈值（从感知到疼痛）	0.8	$5\times10^2/f$	$2.4\times10^5/f$
3 ～10 kHz	$13.5\times10^{-4}/f$	光幻视、周围及中枢神经刺激阈值（从感知到疼痛）	$2.7\times10^{-4}/f$	1.7×10^{-1}	80

注：f指电磁场频率数值，单位为Hz。

表4－5 1 Hz ～100 kHz电场、磁场短时职业接触限值

频率范围f	电场强度E（kV/m）	磁通密度B（T）	磁场强度H（A/m）
1 ～8 Hz	20	$0.2/f^2$	$1.63\times10^5/f^2$
8 ～25 Hz	20	$2.5\times10^{-2}/f$	$2.0\times10^4/f$
25 ～300 Hz	$5\times10^2/f$	1×10^{-3}	8×10^2

续表 4－5

频率范围 f	电场强度 E（kV/m）	磁通密度 B（T）	磁场强度 H（A/m）
300 Hz ～3 kHz	$5\times10^2/f$	$0.3/f$	$2.4\times10^5/f$
3 ～100 kHz	1.7×10^{-1}	1×10^{-4}	80

注：① f 指电磁场频率数值，单位为 Hz。② 1 Hz ～100 kHz 电场、磁场短时职业接触限值为短时间 RMS 值。

（2）工频电场 8 h 职业接触限值制定依据。

目前，现行 GBZ 2.2 中工频电场 8 h 职业接触限值确定依据如下：

董胜璋等（1984）用平板电极产生模拟电场，完成了大鼠接触高压电场的实验。实验分为 40 kV/m、50 kV/m 和 100 kV/m 场强组，共 3 批大鼠，每批实验组与对照组各 20 只，接触电场时间每天 2 小时共 60 天。实验观察了大鼠的一般情况、血象、骨髓象、生化指标和繁殖力等。结果 100 kV/m 实验组大鼠体重增长率有明显下降（图 4－2），其余指标各场强组与对照组均无统计学差异。黄方经等（1986）进行了“工频电场对生物影响的研究—大鼠暴露于 40 kV/m 电场下累积 1 000 小时的实验观察”，以暴露 500 小时的动物体重为起始体重，进行动态观察，两组动物体重的增长情况具有一定差异，但差异无统计学意义。

以上研究结果提示 100 kV/m 的电场接触可能存在对健康的影响，而 40 kV/m 可作为最高无作用剂量。黄方经等（1986）经现场测定，发现在我国 500 kV 的输变电线路下，变电站的最高电压值为 11 kV/m，对于大鼠，相当于 40 kV/m。给予适当的安全系数，确定人 8 h 接触工频电场职业接触限值为 5 kV/m。

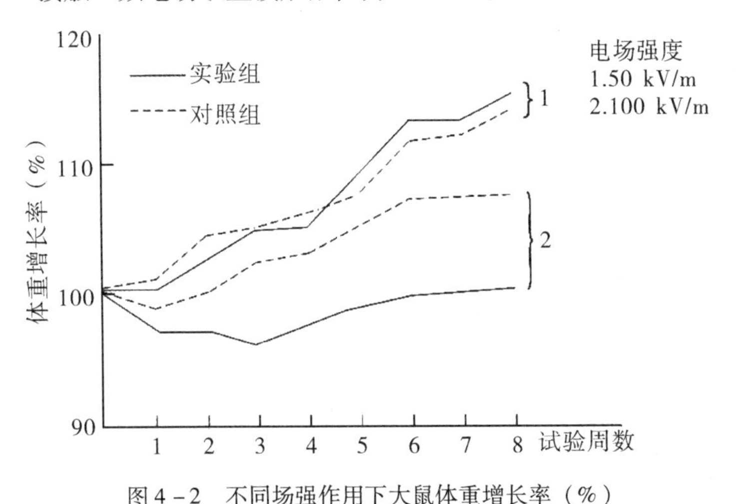

图 4－2　不同场强作用下大鼠体重增长率（%）

注：40 kV/m 场强组体重增长率曲线与 50 kV/m 场强组近似，故未给出。

工作场所 8 h 工频电场职业接触限值为 8 h 时间加权平均值。如每天接触电磁场时间不为 8 h，应按如下公式计算工频电场 8 h 时间加权平均值。

$$E_8 = E\cdot\sqrt{\frac{T}{T_0}}\qquad\text{（公式 4－1）}$$

式中：E——工频电场强度；

T——接触电场时间；

T_0——取 8 h。

如每天接触不同强度工频电场强度，按如下公式计算工频电场 8 h 时间加权平均值。

$$E_8 = \sqrt{\frac{1}{T_0}\sum_{i=1}^{n} E_i^2 \cdot T_i} \qquad \text{（公式 4-2）}$$

式中：E_i——时间段 T_i 内的工频电场强度；

T_i——i 时间段的接触时间；

T_0——取 8 h。

（3）其他。

四肢局部接触较高电磁场时，局部电磁场不应超过以上限值的 5 倍。所有测量点电磁场强度峰值（如冲击式电磁场）不应超过以上限值的 3 倍。

对于佩戴心脏起搏器的劳动者，以上限值不能保护起搏器功能免受电磁的干扰。如缺少厂商关于电磁干扰的专门信息，佩戴心脏起搏器或类似医疗电子设备者，接触工频电场强度应 <1 kV/m，接触工频磁通密度应 <0.1 mT。

电场强度大于 5 kV/m 的工作场所存在广泛的安全隐患，如触电反应、着火及爆炸等。应保持物体良好接地和/或使用绝缘手套进行相关操作。在强场超过 10 kV/m 的工作场所，应使用防护用品，如防护服、绝缘手套等。

第二节　低频电磁场的测量

一、测量仪器

低频电场和磁场测量仪一般由探头或传感器、模拟或数字显示信号处理电路组成的检测器以及从探头到检测器的信号传输通道（导线或光纤等）三部分组成。电场和磁场测量仪的探头，有的只能单独测量电场或磁场，也有的可同时测量电场和磁场。但无论哪种类型的仪器，必须经计量部门检定合格，且在检定有效期内。

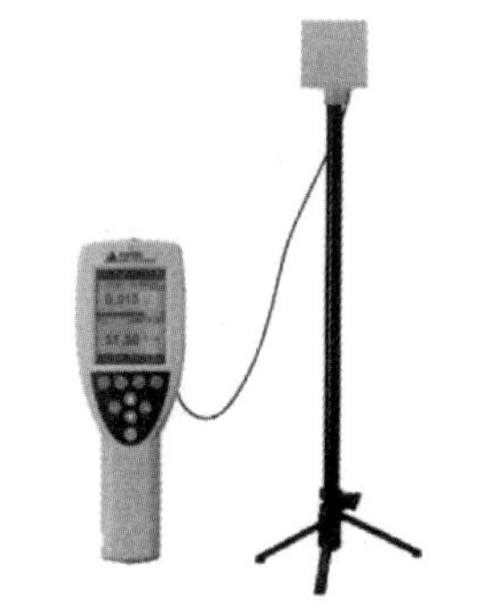

图 4-3　NBM-500 电磁场测量系统

目前国内外众多工频/低频电磁场的文献中，测量电磁场强度的仪器最常用的是德国 Narda 公司 NBM-500 系列电磁场测量系统（原意大利 PMM 公司 8053 系列）（图 4-3），产品采用三相测量，测量结果准确可靠，现场使用方便，也是目前在实际使用中用户反映情况最好的产品。部分检测单位也还在使用 20 世纪 90 年代产品美国 Holaday 公司配置的单相探头 HI-3604 工频电磁场测量仪（图 4-4）。由于此仪器为单相测量，使用时需调整好感应器方向以测量到最大值，且有一定的限制条件。如该设备未配备远程测量装置则不能避免邻近效应的影响，不能进行电场的测量；且该仪器不能测量一段时间的均方根值，不能满足电磁场不稳定时如点焊作业的测量要求。另外，很多涉及个体磁场接触水平的研究中，美国 Enertech 公司 Emdex 个体磁场计（图4－5）使用较多。目前常见的 3 种仪器响应的频率和量程范围如表 4－6 所示。

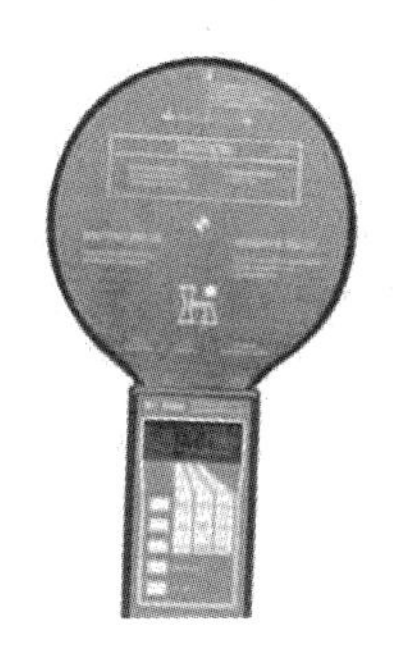

图4－4　HI－3604 工频电磁场测量仪

图4－5　EMDEX 个体磁场计

表4－6　常见的 3 种仪器参数

仪　　器	响应频率	电场量程	磁场量程
NBM－500 系列电磁场测量系统	5 Hz ～100 kHz	0.01 V/m ～100 kV/m	0.001 μT ～10 mT
HI－3604 工频电磁场测量仪	30 Hz ～2 000 Hz	1 V/m ～200 kV/m	0.02 μT ～2 mT
EMDEX 个体磁场计	50 Hz 或 60 Hz	—	0.01 μT ～100 μT 或 0.5 μT ～5 mT

二、国内外低频电磁场测量方法的进展及分析

在我国职业卫生领域，黄方经等于 1996 年组织起草了作业场所工频电场卫生标准，并配套了相应的工频电场测量方法。其规定的作业场所工频电场 8 h 最高容许量为 5 kV/m，测量方法中介绍了测量仪器和注意事项。王生等于 2007 年将所有物理因素职业性有害因素的接触限值和测量方法进行了整合，其中工频电场的职业接触限值未进行修改，测量方法在 1996 年的基础上增加了测量对象的选择。国外亦有众多国家和组织如 ICNIRP、IEEE、ACGIH 等制定了电磁场的职业接触限值，但只有部分如 IEEE 等配套了相应测量方法，且各方法适用范围差别大。如表 4－7 中的 9 个国内外低频电磁场的测量方法来自欧盟、美国、国际电工技术委员会和我国不同行业，其中有 3 份标准是通用标准，5 份适用范围为电力行业，1 份适用于焊接行业。

表 4－7　9 份测量标准相关资料

序号	标准编号	标准名称	国家/组织	标准范围
1	EN 50413—2009	Basic standard on measurement and calculation procedures for human exposure to electric, magnetic and electromagnetic fields (0 Hz ～300G Hz)	欧盟	通用
2	IEEE Std C95. 3. 1™—2010	Recommended Practice for Measurements and Computations of Electric, Magnetic, and Electromagnetic Fields with Respect to Human Exposure to Such Fields, 0 Hz to 100 kHz	美国电气和电子工程师协会	通用
3	IEEE Std 644—1994	Procedures for Measurement of Power Frequency Electric and Magnetic Fields From AC Power Lines	美国电气和电子工程师协会	电力行业
4	IEC 61786—1998	Measurement of low-frequency magnetic and electric fields with regard to exposure of human beings - Special equirements for instruments and guidance for measurement	国际电工技术委员会	通用
5	IEC 60833—1987	Measurement of power－frequency electric field	国际电工技术委员会	电力行业
6	GBZ/T 189. 3—2007	工作场所物理因素测量 第 3 部分：工频电场	中国	职业卫生
7	GB/T 25313—2010	焊接设备电磁场检测与评估准则	中国	焊接行业
8	DL/T 988—2005	高压交流架空送电线路、变电站工频电场和磁场测量方法	中国	电力行业
9	DL/T799. 7—2010	电力行业劳动环境监测技术规范 第 7 部分：工频电场、磁场监测	中国	电力行业

通过对以上标准的系统分析发现，低频电磁场测量方法的标准主要内容一般包括适用范围、名词术语介绍、测量仪器、测量方法（包括现场调查、测量对象、测量高度、取值方式和测量注意事项）、测量结果的应用、测量记录以及操作人员测量时的个人防护等。其中，测量仪器类型、仪器量程、测量对象、测量高度、取值方式、注意事项中邻近效应的距离、环境温湿度和测量电场时的其他干扰 8 项条款为关键条款，本节从收集的国内外测量方法中摘录了以上 8 个条款的相关信息（表 4－8），并逐条比较分析如下。

1．仪器类型

IEC 61789—1998、IEEE C95. 3. 1™—2010、IEEE Std 644—1994、EN 50413—2008、GB/T 25313—2010 和 DL/T799. 7—2010 均规定应该优先选择配置能准确响应均方根值的三相式感应器的检测设备，另外 3 份标准中未规定仪器类型。

IEC 61789—1998、IEEE C95. 3. 1™—2010、IEEE Std 644—1994 和 EN 50413—2008 规定配置单相式感应器的仪器也可使用，但 DL/T 799. 7—2010 建议一般不使用单相仪器。

IEEE Std C95. 3. 1™—2010 和 IEC 61786—1998 说明个体磁场计亦可用于现场测量，其他标准则未提及。个体磁场计被国内外众多学者运用于对公众或职业人群的暴露测量和流行病学调查研究中。个体磁场计的运用有其方便性和可行性，但由于其只能测量工频磁场，因此个体磁场计如满足现场磁场测量的要求也可用于测量短时间磁场强度均方根值和峰值。

2．仪器参数

在仪器的频率方面，低频电磁场的频率范围为 1 Hz ～100 kHz。

在仪器量程方面，GBZ/T 189. 3—2007 和 DL/T 799. 7—2010 规定电场测量范围为 0. 003 ～100 kV/m，DL/T 799. 7—2010 规定磁场测量范围为 0. 01 μT ～10 mT。但这两个标准都是只针对工频。

目前常见的 3 种仪器均不能完全响应 1 Hz ～100 kHz 的频率范围，且只有 NBM - 500 能基本满足 DL/T 799. 7—2010 规定的仪器量程范围。根据前期调查，我国工作场所中未见使用 1 ～5 Hz 的低频设备。另外，根据有报道的较高电场、磁场接触的调查检测结果发现，发电厂和变电站的工频电场最高值可达 21. 40 kV/m，工频磁场最高值可达 5 537 μT。点焊、电阻焊作业工作场所磁场最高值为 2 092 μT。现有的 3 种仪器可以满足现场测量的要求。

3．测量对象

GBZ/T 189. 3—2007 规定相同型号、相同防护的工频设备选择有代表性的设备及其接触人员进行测量，不同型号或相同型号不同防护的工频设备及其接触人员应分别测量，但未提出具体的抽样方法。GBZ 159—2004《工作场所空气中有害物质监测的采样规范》则明确规定了抽样方法，即对于相同或类似的测点，数量为 1 ～3 台时测量 1 台设备附近的测点，4 ～10 台时测量 2 台，10 台以上至少测量 3 台。

同时，作业人员接触电磁场的作业方式主要有两种，一种是以发电厂、变电站巡检人员为典型代表的巡检作业，另一种是以点焊作业人员为代表的固定作业，两种作业接触电磁场的方式不一致，因此需分别说明。

4．测量高度

IEEE Std 644—1994 规定测量 1 m 的高度，GBZ/T 189. 3—2007、DL/T 988—2005 和 DL/T 799. 7—2010 规定测量 1. 5 m 的高度，IEC 61786—1998、EN 50413—2009 和 GB/T 25313—2010 规定测量考虑操作位，测量头和躯干或头胸腹 3 个部位。各标准的规定并不统一。

低频电磁场的健康效应主要考虑高强度电磁场对神经肌肉的刺激以及引起磁光幻

视，靶器官主要为神经、肌肉和眼。低频电磁场近区场的电磁场强度随距离的增加呈指数级衰减，高压线及点焊等作业均是处于近区场中，测量高度不同电磁场强度差异大。在现场环境中，电力行业的电磁场源主要为巡检位上方的高压输电线，作业人员头部接触的电磁场强度最高。而焊接作业的电磁场源主要为焊机电极，点焊作业人员大多数时间在腹部位操作悬挂式点焊机，只有少数工件的焊接需较多时间在头部位或胸部位操作。测量结果提示点焊作业岗位腹部位的工频磁场与头、胸部位的有统计学差异，但部分岗位最高值出现在头部或胸部，测量结果最高值会出现在不同的部位。因此，规定测量头、胸或腹部离电磁场源最近的部位，如无法判断时，应对头、胸、腹三个部位分别进行测量。

5. 测量读数

我国 100 kHz 以下电磁场职业接触限值要求为短时间的均方根值，同时规定所有测量点电磁场强度峰值（如冲击式电磁场）不应超过相应限值的 3 倍。国内外的测量方法中 EN 50413—2009、IEEE Std C95. 3. 1™—2010、IEEE Std 644—1994、IEC 61786—1998、GB/T 25313—2010、DL/T 988—2005 和 DL/T 799. 7—2010 均要求取均方根值，另 2 份未作取值的规定。

电力行业中的电磁场源电流电压均较稳定，其产生的电磁场亦较稳定。因此，每个测点可连续测量 3 次，每次测量时间不少于 15 s，并读取稳定状态的值。而冲击式点焊作业因瞬间电流升高造成磁场瞬间升高，读数起伏较大，现场环境工频电磁场不稳定，在这种情况下应读取电磁场峰值及 6 min 的均方根值。

6. 邻近效应

测量电场时，观察者与探头之间距离改变会导致电场读数值的变化，即邻近效应。IEC 60833—1987 和 IEEE Std 644—1994 均建议观察者的邻近效应应小于 3%，因此测量者和其他人与探头之间距离应在 2. 5 m 以上。IEEE Std C95. 3. 1™—2010 和 DL/T 988—2005 亦规定至少要 2 m 或 2. 5 m，与前 2 份标准基本一致。DL/T 799. 7—2010 虽规定为 5 m，但未说明原因。

根据 DiPlacido 等和 Kotter 等的研究，当观察者距离仪器是 1. 8 ～2. 1 m 时，将会出现 5% 的邻近效应，如图 4 -6 所示。

因此，建议测量电场时，测量者和其他人宜远离测量探头 2. 5 m 以外。但人的存在不影响磁场测量结果，因此测量磁场时不需要考虑人与探头之间的距离。

7. 环境温湿度

众多标准均提到测量电磁场时环境温度从 0 ～40℃ 会对结果产生一定的影响。GBZ/T 189. 3—2007 亦规定测量时环境温度应该在 0 ～40 ℃ 的范围内，IEC 61786—1998 则规定应在 0 ～45℃。现有常用的仪器均要求使用时温度应控制在 40 ℃ 以内，且我国夏季极端气温亦很少在 40 ℃ 以上，因此，建议测量时环境温度应该在 0 ～40 ℃ 的范围内。

GBZ/T 189. 3—2007 规定测量时相对湿度应小于 60%，未说明原因。IEC 61789—1998 则建议仪器应在 5% ～95% 的环境中操作，与测量仪器说明书说明探头不冷凝的相对湿度一致。IEC 60833—1987 认为，在高湿度情况下，仪器探头外壳表面会形成凝

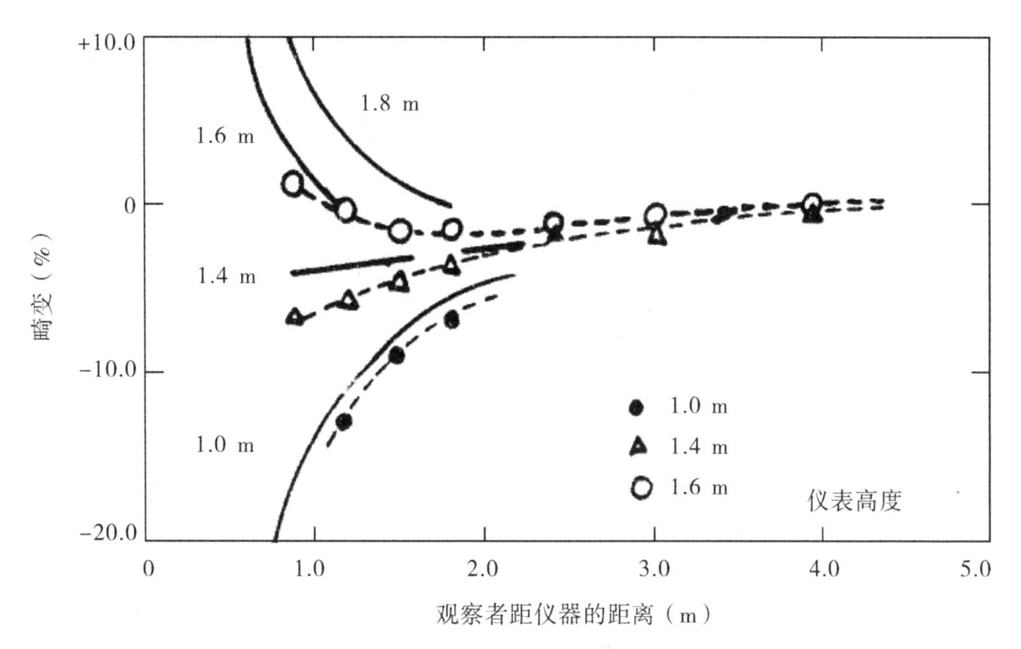

注：一为理论值；－－－－为在输电线下的实测值。

图 4－6　1.8 m 观察者与仪器的距离、仪器探头高度和引起相应畸变率的关系图

露层，它可能使场强仪的两个传感电极之间产生很大的泄漏电流，导致内部的测量回路局部短路，因此建议测量电磁场时的相对湿度应在 80% 以下。DL/T 988—2005 和 DL/T 799.7—2010 亦规定为避免通过测量仪表的支架泄漏电流，测量电磁场时的相对湿度应在 80% 以下。各标准的规定并不统一。

我国东南沿海多个地方的相对湿度长期在 60% 以上，如果按照 GBZ/T 189.3—2007 的规定来执行，则对东南沿海工频电磁场的测量工作带来很大的不便。相对湿度较高时作业人员在高压输电线附近进行测量可能会有触电的风险，因此不能完全按照 IEC 61789—1998 的规定。而按照另外 3 份标准相对湿度小于 80% 的规定，既可避免湿度造成的影响，在仪器说明的不冷凝的范围内，又不会危害操作人员的安全，且不影响测量方法的普及。因此建议相对湿度应小于 80%。

8. 测量电场时的其他干扰

EN 50413—2009、IEEE Std C95.3.1™—2010、IEEE Std 644—1994、IEC 61786—1998、IEC 60833—1987、GBZ/T 189.3—2007、DL/T 988—2005 和 DL/T 799.7—2010 均规定为减少误差，测量仪器应选择没有电传导的支架（如干燥的木质支架、塑料支架等）进行固定。同时测量地点应比较平坦，且无多余的物体。对不能移开的物体应记录其尺寸及其与探头的相对位置，并应补充测量离物体不同距离处的场强。且根据电磁场物理特性，周围环境中带电传导的物体会引起电场的畸变，以致测量结果不准确。因此，建议测量电场时需注意以上规定事项。

不同测量方法中的主要信息如表 4－8 所示。

表 4－8　不同测量方法中的主要信息

序号	标准编号	仪器要求		测量位置		测量读数	主要的注意事项		
		类型	参数	测量对象	测量高度		邻近效应	环境温湿度	测量电场时的其他干扰
1	EN 50413—2009	仪器应该能够响应 RMS 值。感应峰值的仪器也可以使用	量程和频率应能覆盖被测量的电磁场源	—	探头的位置应该包括暴露的身体中心，如躯干或头。定位应与工作姿势（坐姿、站姿）和人暴露的位置一致（头、躯体）	RMS 值和峰值	操作者及其他人应远离测量探头	—	探头应该用无电传导性能的支架支撑
2	IEEE Std C95.3.1™—2010	优先选择三相的能准确的响应 RMS 值的设备。单相的仪器也可使用。三相的个体磁场计也可用于现场测量	—	—	—	RMS 值	磁场测量时探头可以被手持而不会受操作员影响。但人体会很明显地干扰电场测量，因此建议仪器和操作员的距离为 2 m 或更远	周围环境的温度和湿度等会影响测量结果	支架的导电性会影响测量精确度和不确定度

续表 4－8

序号	标准编号	仪器要求		测量位置		测量读数	主要的注意事项		
		类型	参数	测量对象	测量高度		邻近效应	环境温湿度	测量电场时的其他干扰
3	IEEE Std 644—1994	可用三轴探头的仪器测量合成的电磁场。单轴探头的仪器则应该调整方向到读取最大值	—	—	在输电线下测量电场强度应该在离地面 1 m 的高度	RMS 值	根据前人的研究指出当观察者距离仪器为 1.8～2.1 m 时，将会出现 5% 的邻近效应。为将邻近效应的影响降低到 3%，测量电场时仪器和观察者的距离应该最少 2.5 m	—	①测量地点应比较平坦，且无多余的物体，以免干扰电场的测量；②需注意手柄泄漏的问题
4	IEC 61786—1998	优先选用三轴的设备进行测量，要读取峰值时也可以使用单轴的仪器。个体磁场计也可使用	—	—	测量位置以作业人员的位置为参考，测量头部、躯干或盆腔位	RMS 值和峰值	考虑到邻近效应的影响，测量电场时人与探头的距离应该在 2 m 以上。测量磁场时不需考虑	仪器应该在 0～45℃，5%～95% 的环境中操作	仪器、手柄和内部的绝缘装置等必须保持干净和干燥来最小化泄漏电流产生的误差

续表 4－8

序号	标准编号	仪器要求		测量位置		测量读数	主要的注意事项		
		类型	参数	测量对象	测量高度		邻近效应	环境温湿度	测量电场时的其他干扰
5	IEC 60833—1987	详细介绍了悬浮体型、地参考型和光电型3种类型仪器的原理和适用情况	—	—	—	—	探头和观察者之间的距离应足够大，建议在2 m以上	①为避免高湿度情况下探头表面形成凝露层，测量时环境湿度应在80%以下。②温度从0～40℃会产生一定的影响，必要时需校正	①测量地点应比较平坦，且无干扰的物体，以免干扰电场的测量。②电场测量时探头手柄需为干燥绝缘体
6	GBZ/T 189.3—2007	高灵敏度球型（球直径为12 cm）偶极子场强仪	高灵敏度球型（球直径为12 cm）偶极子场强仪测量范围为0.003～100 kV/m。其他类型场强仪的最低检测限应低于0.05 kV/m	相同型号、相同防护的工频设备选择有代表性的设备及其接触人员进行测量。不同型号或相同型号不同防护的工频设备及其接触人员应分别测量	测量高度距地面1.5 m	—	—	温度0～40℃，相对湿度<60%	测量地点应比较平坦，且无多余的物体。对不能移开的物体应记录其尺寸及其与线路的相对位置，并应补充测量离物体不同距离处的场强

续表 4-8

序号	标准编号	仪器要求		测量位置		测量读数	主要的注意事项		
		类型	参数	测量对象	测量高度		邻近效应	环境温湿度	测量电场时的其他干扰
7	GB/T 25313—2010	可选用各向同性响应或有方向性的仪器	测量设备应与所测对象在频率、量程、响应时间等方面应满足测量需要	介绍了具体的测点，如焊炬附近、电极附近等	测量位置取作业人员操作位置的头、胸、腹部，距地面 0.5 m、1 m、1.7 m 进行测量	每个点测量 5 次，每次测量时间不应少于 15 s，并读取稳定状态最大值。若测量读数起伏较大，应适当延长测量时间直至 6 min。测量数据最好是 RMS 平均值	—	—	—
8	DL/T 988—2005	—	—	—	仪器应架设在地面上 1～2 m 的位置，一般情况下选 1.5 m	如读数稳定，则直接取值；如读数波动，应每分钟读数 1 次，取 5 min 的平均值	测量电场时人员应距离仪器 2.5 m	为避免支架泄漏电流，环境湿度应在 80% 以下	①监测地点应选在地势平坦、远离树木、没有其他电力线路、通信线路及广播线路的空地上。②为减少误差，仪器及脚架应保持干燥、清洁

续表4－8

序号	标准编号	仪器要求		测量位置		测量读数	主要的注意事项		
		类型	参数	测量对象	测量高度		邻近效应	环境温湿度	测量电场时的其他干扰
9	DL/T 799.7—2010	应用三轴测量仪监测，一般不使用单轴仪器	仪器的测量范围磁场为10 nT～10 mT，电场为0.003～100 kV/m	测量位置原则上设在劳动者因工作需要而经常停留的地方，并介绍了具体的测点，如变电站、开关站等	测量仪器应设在1.5 m高度	同DL/T 988—2005	测量电场时人员应距离仪器5 m	同DL/T 988—2005	同DL/T 988—2005

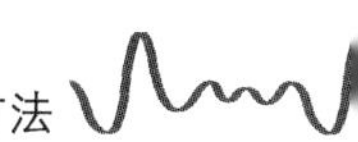

三、工作场所低频电磁场推荐测量方法

综合分析以上 8 项关键条款，按科学性、可行性和一致性的原则进行分析筛选，结合测量仪器的校准/检定要求、测量方法的现场调查、结果的应用、测量记录和操作人员测量时的个人防护等通用要求，形成了工作场所低频电磁场推荐测量方法主要内容如下。

1. 测量仪器

（1）仪器响应的频率应覆盖被测设备的频率，如测量工频时测量仪器应能够响应 50 Hz。仪器量程根据被测频率的接触限值，应至少达到限值 0.01 ～10 倍的要求。

（2）仪器首选能响应均方根值的配置三相式感应器的仪器。单相的仪器和个体磁场计如满足现场测量的要求也可使用。

（3）仪器要求定期进行计量检定/校准，检定/校准结果需符合相关检定/校准要求方可使用。

2. 测量方法

（1）现场调查。应在测量前对工作场所进行现场调查。调查内容主要包括：电磁场源位置、大小、频率、功率、电流、电压等；生产工艺流程；接触作业人员作业方式、工作制度、防护情况等。

（2）测量仪器的准备。为减少误差，测量仪器应选择没有电传导的材质支架（如塑料支架等）进行固定。

（3）测量点的选择。测量点应布置在存在电磁场的有代表性的作业点。作业人员为巡检作业时选择其规定的巡检点和巡检过程中靠近电磁场源最近的位置；作业人员为固定岗位作业时选择其固定的操作位。相同或类似的测点可按电磁场源进行抽样，相同型号、相同防护、相同电流电压的低频电磁场设备，数量为 1 ～3 台时测量 1 台设备附近的测点，4 ～10 台时测量 2 台，10 台以上至少测量 3 台。不同型号、防护或不同电流电压的设备应分别测量。

（4）测量高度。电磁场的检测以作业人员操作位置或巡检位置为参考，测量头、胸或腹部离电磁场源最近的部位，如无法判断时，应对头、胸、腹三个部位分别进行测量。建议站姿作业一般为距地面 1.7 m、1.4 m、1.1 m 水平进行测量，坐姿作业一般为距地面 1.2 m、0.9 m、0.6 m 水平进行测量。

（5）测量读数：

1）现场环境低频电磁场较稳定，如电厂或变电站中的变压器、配电柜及变压开关等设备作业点，每个测点连续测量 3 次，每次测量时间不少于 15 s，并读取稳定状态的均方根值，取平均值。

2）现场环境低频电磁场不稳定，如电阻焊作业等，应读取电磁场峰值及 6 min 的均方根值。

（6）测量注意事项：

1）测量应在电磁场源正常满正常运行状态下进行。

2）测量电磁场时测量者和其他人宜远离测量探头 2.5 m 以外。

3）测量地点应比较平坦，且无多余的物体。对不能移开的物体应记录其尺寸及其与探头的相对位置，以及该物体的物理性质并应补充测量离物体不同距离处的场强。

4）测量时环境温度应该在0～40 ℃的范围内，相对湿度应符合仪器规定的要求。

5）评估作业人员接触的8 h工频电场强度时，需调查作业人员在各作业点的停留时间。

6）佩戴心脏起搏器或类似医疗电子设备者不宜从事该项测量工作。

7）在进行现场测量时，测量人员应注意个体防护。

3. 测量结果的应用

（1）短时低频电磁场接触：现场作业点测量的均方根值可直接与相应频率的短时低频电磁场接触限值进行比较。当现场环境低频电磁场不稳定，其电磁场强度峰值测量结果还应与相应限值的3倍进行比较。

（2）长时间工频电场接触：接触工频电场的作业人员，需根据测量结果结合作业人员在各作业点的停留时间，按接触限值规定的公式计算该岗位作业人员接触的工频电场8 h时间加权平均值，与长时间工频电场的职业接触限值比较。

4. 测量记录

测量记录应该包括以下内容：测量日期、测量时间、气象条件（温度、相对湿度）、测量岗位、地点（单位、厂矿名称、车间和具体测量位置）、测量部位（头、胸或腹部）或高度、测点与电磁场源的距离、场源类型、电流电压、场源的频率、特征、测量仪器型号、测量数据、测量人员等。

5. 不同行业现场环境电磁场测量位置

（1）输电线路下低频电场和磁场的测点。选择1个有代表性的挡距，以挡距中央导线弧垂最大处线路中心的地面投影点为测试原点，沿垂直于线路方向进行，测点间距为5 m，顺序测至边相导线地面投影点外50 m处止。

（2）变电站低频电场和磁场的测点：

1）值班室操作台，控制屏前；

2）高压设备区的主要进出线断路器、隔离开关、电压互感器（TV）、电流互感器（TA）、避雷器处，图4－7为变电站现场图；

图4－7　变电站现场图

3）低压设备区的主要进出线断路器、隔离开关、电压互感器（TV）、电流互感器（TA）、避雷器处（图4－8）；

4）变电站主变压器的高压侧和低压侧（图4－9）；

图4－8　室外开关站断路器、避雷器等

图4－9　某变电站主变

5）开关室的每个母线桥下、主要断路器；

6）电抗器、电容器；

7）GIS室（图4－10）。

图4－10　开关站GIS室内图

（3）电厂低频磁场测点：

1）主控室；

2）发电机（图4－11）及出线等；

3）励磁机及励磁变压器；

4）发电厂主变及厂用变压器的高压侧和低压侧（图4－12）；

5）配电室各配电柜（图4－13）；

6）升压站测点布置参照变电站低频电场和磁场部分。

图 4 - 11　某发电厂发电机

图 4 - 12　某发电厂主变

图 4 - 13　配电柜

（4）焊接作业低频磁场测点：

图 4 - 14 为固定式点焊机，图 4 - 15 为悬挂式点焊机。

1）焊钳；

2）焊炬附近；

3）线缆周围；

4）电极附近；

5）焊接电源外部机箱。

图 4 - 14　固定式点焊机

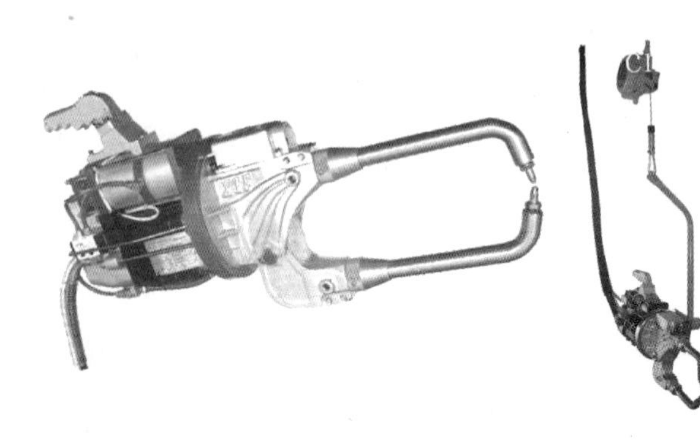

图 4 - 15　悬挂式点焊机

第五章　职业健康危险度评估及管理

一、健康危险度评估概述

健康危险度评估兴起于20世纪70年代，主要通过毒理学实验和流行病学调查资料，研究某种物质或因素在人群中可能造成的健康危害，并估计产生某种特定损害（如疾病的发生）发生率的大小或高低。1983年出版的《联邦政府的风险评估：管理程序》报告具有里程碑意义，确定了危险评估基本程序，即危害识别、暴露评估、剂量—反应关系、危险特征描述，这种基本程序被欧洲、日本等国家及国际组织普遍认可、采用。健康危险度评估的目的在于预测和控制危险，进行危险度管理。危险度评估和管理的关系如图5-1所示。

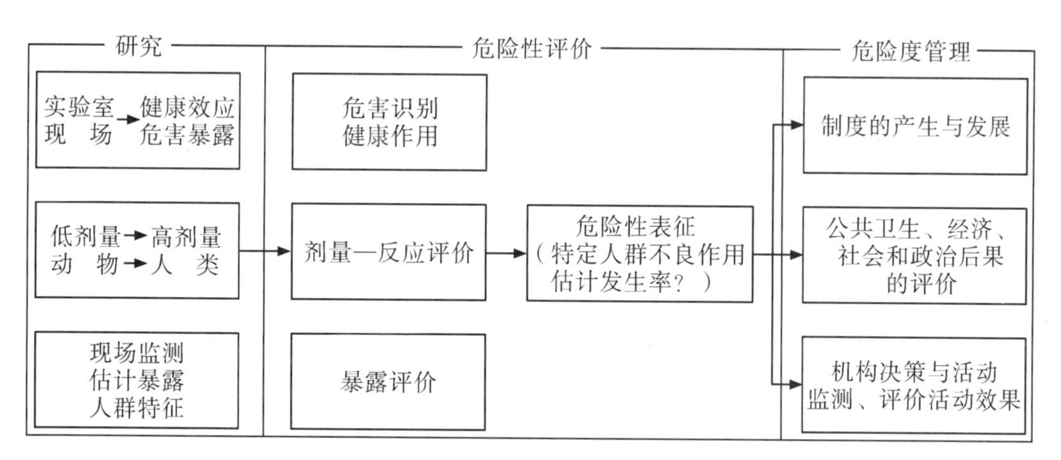

Source：National Research Council. Risk Assessment in the Federal Government：Managing the Process. Washington，DC：National Academy Press，1983.

图5-1　危险度评价和管理的关系

1. 危害识别

识别可能对机体产生不良健康效应的生物、化学和物理因素，以及这些有害因素对机体、系统或（亚）人群可能造成的有害作用种类和性质。危害识别的目的是基于已知的资料和作用模式来评价对人有害作用证据的充分性，确定人体暴露因素的潜在有害作用及产生该有害作用的确定性和不确定性。危害识别不是对暴露人群的危险性进行定量的外推，而是对暴露人群发生有害作用的可能性作定性的评价。由于资料往往不足，因此，进行危害识别的最好方法是证据权重法。此法需要对来源于适当的数据库、经同行专家评审的文献及诸如企业界未发表的研究报告的科学资料进行充分的评议。此法对不同研究的权重按如下顺序：人体研究、动物毒理学研究、体外试验以及定量结构—反应关系。

2. 暴露评估

暴露评估是评价机体、系统或人群对一种特定有害因素的暴露，主要涉及定性评价问题、选择或发展概念模型和数学模型、收集数据或选择和评价可利用的数据和暴露表征四个步骤，应包括评价到达靶人群特定因素的浓度或量，如数量、频率、期限、途径和范围。

3. 剂量—反应评估

剂量—反应评估是定量描述受到的有害因素暴露剂量和出现的效应之间关系特征的过程。为得到合乎人类实际危险度的评定结果，在进行剂量—反应关系评定时，应对所用资料进行选择，应首选质量可靠的流行病学调查资料，对于动物试验资料应注意选择那些对研究因素的反应与人相似的种系的资料，以及暴露途径与人实际暴露途径一致的资料。

4. 危险特征描述

危险特征描述是危险度评价的最后一步。将危害鉴定、剂量—反应关系评定、接触评定中进行的分析和所得结论综合在一起，对人体危险度的性质和大小做出估计，说明并讨论各阶段评价中的不肯定因素及各种证据的优缺点等为管理部门进行外源有害因素的危险度管理提供依据。危险特征描述主要是用于决策建议。风险特征描述的结果是提供人体暴露化学物对健康产生有害作用的可能性的估计，它是危害识别、剂量—反应关系评估和暴露评估的综合结果。

二、职业健康危险度评估

职业健康危险度评估是控制职业性有害因素健康危险的有效依据。通过定性、定量评定职业性有害因素潜在的作用，预测其在某剂量（浓度或强度）水平及条件所造成的健康影响，在正常暴露条件下估算其可能造成损害的概率与程度，寻求职业人群可接受的健康危险水平，控制、降低职业性有害因素的负面影响，并为制定预防策略提供科学依据。

职业健康危险度评估分为四步：①危害识别是职业健康危险度评估的第一阶段，属于定性危险度评估的范围。目的是确定待评定职业性有害因素在一定条件下与机体接触后，能否产生伤害效应；效应的性质和特点如何；职业性有害因素与伤害效应之间能否存在因果关系。②暴露评估是为了确定不同情况下职业性有害因素暴露的性质和强度。暴露评定的方法很多，可以通过环境监测、个体监测来直接测量，或经过问卷调查和计算接触水平等来间接获得。③剂量—反应关系是研究职业性有害因素作用剂量或强度水平与有害效应发生频率之间的定量关系。剂量取决于暴露水平和接触时间的乘积，而反应指的是个体发生的最敏感和关键的不良健康状况的变化。剂量—反应关系的曲线有S型、抛物线型、直线型等。④危险特征描述是危险度评估过程的最后一步，其目的是通过提供重要的科学证据及原理，为健康危险度管理提出针对决策。危害特征描述提供了职业性有害因素暴露对人群健康危害的评估，它是对当前可获得的科学证据的一个评估和综合，可用来估计对人类健康危害的性质、范围和程度，也包括对不确定特征的描述和识别。

目前已建立或使用工作场所危险性评价与管理指南的五个国家包括，①罗马尼亚：职业性事故和疾病的危险性评价方法（1998 年），参照了欧洲标准（EN292/1－19，EN1050/96）；②澳大利亚：AS/NZS 建立了危险度管理标准 1999、2004）；③新加坡：职业化学物质暴露的危险性评价指南；④英国：职业安全健康管理体系指南（BS8800）－5 步骤危险性评价；⑤芬兰：WEP－电子版危险性评价方法采用英国 BS8800 原则。

三、低频电磁场职业健康风险评估

1．危害识别

对于低频电磁场的识别，主要阐述的有两个问题：低频电磁场是否会对人体构成健康危害；在什么情况下哪种确定的危害效应可能发生。

（1）低频电磁场急性效应的识别。通过对近十年有关低频电磁场和健康效应关系研究的分析，我们认为在急性效应方面，研究表明大部分人可以感觉到强度超过 20 kV/m 的 50 Hz/60 Hz 电场（如体毛产生颤动）；磁通量密度为若干毫特斯拉时，末梢组织中相应的感应电流密度大约为 1 A/m^2，这些电流会产生自快速变化的梯度形成的脉冲场，会导致神经刺激，并且能够产生不可逆的生物效应，比如心室纤维颤动；志愿者暴露在 3 ～5 mT 以上的低频磁场中都感觉到了眩晕闪烁，即磁光幻视，在频率为 20 Hz 时，大约 10 mA/m^2 的电流密度被认为是视网膜产生光幻视的阈值。这些急性效应的神经系统影响构成了制定接触限值的基础。因此，一定强度的低频电磁场的急性有害效应是明确的。

（2）低频电场慢性效应的识别。工频场强为 100 kV/m，对大白鼠累积作用 500 h 与 1 000 h，暴露组体重增加率明显低于对照组，中性白细胞增多，淋巴细胞下降，心率明显增快，实验组与对照组相比有统计学意义。血清胆固醇也明显增多，其余未见异常。

场强为 40 kV/m 时的 500 h 及 1 000 h 累积暴露实验，体重变化不明显，血象虽有一些变化，但多项指标两组间均无统计学差异。生化指标两组间的差异也无统计学意义。两组微核出现率无显著差异，表明 40 kV/m 低电场强度，长期累积暴露对生物体无突变作用。脏器系统结果表明无病理学意义。因此，初步认为 40 kV/m 低场强对大白鼠长期累积暴露 500 h 及 1 000 h 均无明显影响。

（3）低频磁场慢性效应的不确定性。从神经系统、心血管系统、血液、内分泌、生殖、免疫、肿瘤、细胞生理等系统或角度，全世界范围内的研究小组从人群流行病学调查、志愿者试验、动物试验和细胞试验开展的研究甚多，我们对近十几年的此类研究进行综述，结合《低频电磁场环境健康准则（EHC No. 238）》，均未明确肯定低频电磁场对机体的不良慢性健康效应，也无确凿证据排除长期暴露低频电磁场有不良影响。低频磁场的慢性效应存在很多不确定性。首先，对于同一研究指标，相同暴露条件，相同研究对象（人、动物或细胞），不同研究小组的结果存在差异，重复性差。其次，不同种属的动物或细胞在相同暴露条件下，研究结果存在差异。再次，人群、动物和细胞水平的研究无法相互验证，因此，尚不能根据动物和细胞水平的结果推论到人群。最后，对于慢性效应是否存在窗效应或剂量—反应关系也不能明确。

2. 暴露评估

在低频电磁场暴露评估中，首先，要明确低频电磁场来源、分布、频率和运行特点。其次，明确电磁场暴露人群的暴露时间、作业点的暴露强度以及防护情况。最后，还要描述在评估过程中的所有不确定因素，以了解评估结果的波动范围及可信性。

相对生活中接触的低强度低频电磁场，职业人群的电磁场暴露具有相对稳定、规律、时间长的特点。在电磁场暴露评估的实际操作中，常有以下三种方式：①工作环境监测。这是借助于特定的仪器，对工作环境中的电磁场的分布和强度进行有计划的、系统地监测，分析其性质、水平、在时间和空间上的分布特点等。根据国家职业卫生法律法规的要求，建议用人单位对工作场所一定强度的低频电磁场每年定期监测。②个体监测。对于流动岗位或工作环境中的低频电磁场水平变化无明显规律，使用个体监测能更准确地反映作业人员实际接触电磁场的水平。目前，个体监测多通过佩戴磁场强度个体测量仪器进行，国内应用低频场个体监测仪开展定期监测的工作尚未广泛开展。③调查表。这是常用的暴露评估方式之一，有时在无其他资料来源时是唯一的暴露评估方式，还可以同时与其他方式结合进行，特别适合于大样本人群的研究。通过调查表可以了解调查对象有无电磁场暴露、暴露的持续时间、暴露频率以及暴露方式、来源等。有些研究进行工种分类通过比较不同工种的暴露之间是否有差别。在调查表的基础上，有时还会结合人体模型，通过计算机模拟计算暴露量。

低频电场主要存在于发电厂和电网企业的超高压变电站及其输送线路，其电场强度往往超过 5 kV/m，部分作业点电场强度超过 10 kV/m。常接触高电场强度的作业工人为电厂电气点检作业工人，电网企业变电送电运行及检修工人。低频磁场主要存在于汽车及零配件制造业的点焊作业岗位，其磁场的性质为冲击式，磁场强度 RMS 值达几百 μT 以上，峰值最高可达 10 mT 以上。电力火车和电力炼钢作业场所也存在较高水平的磁场。电网企业磁场多在 100 μT 以下，但部分变电站电容器和电抗器可达几百 μT 以上。

3. 剂量—反应关系评估

电磁场不同于一般化学物质的剂量—反应关系的特点，电磁场存在生物窗效应，可分为频率窗效应和强度窗效应。频率窗效应是指在某一频段内，只有某些离散的、频率区间极窄的电磁波才能引起的生物学效应；强度窗效应是指在某一强度范围内，只有某些离散的、强度区极窄的电磁波才能引起的生物学效应。这两者之间是相关的，也就是说，某一特定频率只有与相应的特定场强组合时才能引起生物学效应，呈现低强度、特异性和非线性的特点。

关于电磁场对于人体产生的某些健康效应属于有阈值效应，从国内外的研究证据显示低频电场慢性、电场和磁场急性的某些健康效应（如中枢神经系统的兴奋）存在剂量—反应关系。剂量—反应关系评定的一个重要任务是测知阈值或阈下剂量，设定安全系数，提出安全剂量。

4. 低频电磁场危险特征描述

（1）低频电场和磁场的急性效应。所谓急性效应是指在非常高的暴露水平，低频电场与磁场可能影响受暴露者的神经系统，导致不良的健康效应，例如神经刺激。这些对神经系统的急性影响构成了制定职业接触限值的基础。低频电磁场暴露对神经系统有一些已被确认的急性影响（例如 Reilly，2002；Sauders and Jefferys，2007）：对神经和肌肉组织的直接刺激以及引发视网膜光幻视。也有间接科学证据显示，诸如视觉过程和运动协调性等脑功能可能受感应电场短暂的影响。所有这些影响都有阈值，低于阈值就不会发生，只要符合体内感应电场的基本限值（表 5 - 1），这些影响就可以避免。但是，急性影响不可能发生在公众环境和大多数工作环境中，因为引起急性影响的暴露水平比较高。

表 5 - 1　不同频段体内电场急性健康影响阈值及基本限值

频率范围	体内感应电场健康影响阈值（V/m）	健康效应	体内感应电场基本限值（V/m）	体外电场强度限值（kV/m）	体外磁场强度限值 H（A/m）
1 ～10 Hz	$0.5/f$（4 ～6）	磁光幻视（周围及中枢神经刺激）	$0.5/f$	20	$1.63\times10^5/f^2$
10 ～25 Hz	0.05 ～0.1（4 ～6）	磁光幻视（周围及中枢神经刺激）	0.05	20	$2\times10^4/f$
25 ～400 Hz	$2\times10^{-3}f$（4 ～6）	磁光幻视（周围及中枢神经刺激）	$2\times10^{-3}f$	$5\times10^2/f$	8×10^2
400 Hz ～3 kHz	4 ～6	光幻视、周围及中枢神经刺激阈值（从感知到疼痛）	0.8	$5\times10^2/f$	$2.4\times10^5/f$
3 ～10 kHz	$13.5\times10^{-4}/f$	光幻视、周围及中枢神经刺激阈值（从感知到疼痛）	$2.7\times10^{-4}/f$	1.7×10^{-1}	80

注：f 指电磁场频率数值，单位为 Hz。

（2）低频电场和磁场的慢性效应。电场强度为 100 kV/m，对大白鼠累积作用 500 h 与 1 000 h，暴露组体重增加率明显低于对照组。电场强度为 40 kV/m 时未见异常。

近十年，低频电磁场与患癌症风险的相关文章 Meta 分析结果显示，接触一定剂量低频电磁场未绝经女性患乳腺癌，儿童患白血病的风险会稍有所增加。但是高暴露的职业人群却没有发现白血病和乳腺癌与之相关。有关低频电磁场对内分泌系统的生物学效应影响、对机体免疫系统的生物学效应以及生殖、遗传毒性影响所有研究都未能得出一致的研究结果，其影响有待进一步研究。特别是动物研究中细胞产生的信号、对内分泌及免疫系统影响结果的不确定，缺乏实验室研究支持的情况下，流行病学数据不足以让我们以此制定暴露导则。

（3）低频电磁场危险度的量化归因分析。通过流行病学资料描述风险，通常采用的手段是使用归因比例。归因比例是依据已确立的暴露—疾病的关系，将疾病归于暴露的那一部分。归因比是假如其他人群特征一致，一个人群暴露和非暴露时发生疾病的比例，许多文献都计算除了可能由低频磁场所导致儿童白血病的归因比，Greenland（1997）和 Kheifets（2006）详述了两组有关儿童白血病和暴露低频磁场的汇总分析，通过对更多国家（与单个汇总分析所包含的国家相比）的归因比的估计来提供最新的评价。就全球而言，大多数暴露资料都来自工业化发达的国家，还有一些国家例如非洲和拉丁美洲还没有获得关于此暴露的代表性资料。尽管来自主要研究地区（北美、欧洲、新西兰和亚洲部分地区）的比值比是相似的（因此，对从这些地区获得的资料进行的汇总分析的估计可以用来进行现在的计算），但是这些主要研究区域之间的暴露分布有着实质的不同。其他区域与这些区域之间或区域本身之内预期存在明显的或巨大的差异。因此，由这些国家得到的归因比存在一定的不可信任因素。

Greenland（1997）和 Kheifets（2006）还通过改变假设对归因比的不确定性进行了分析。对欧洲和日本的研究，使用病例对照研究中的暴露计算的归因比一般低于 1%，而北美的研究在 1.5% ～3% 之间。基于暴露评估，所有地区的归因比值在 1% ～5% 之间变动。这些数据的可信区间范围较大。假设存在因果关系，最理想的点估计就是每年有 100 ～1 400 例儿童白血病可能的低频磁场暴露，占每年白血病总病例的 0.2% ～4.9%。与其他引起儿童白血病的病因（如母体 X 线照射、苯暴露等）相比，低频磁场的影响比例就很小了。

（4）低频电磁场危险特征描述中的不确定性。不确定性是在风险评价中，估算变量大小或出现的概率时，缺少置信度，或者说考虑系统目前和将来的状况，由于认识不全而产生的风险的组成部分。不确定性的因素有三种：①客观世界的随机性；②人类对客观世界认识还不完全；③评价方法本身的误差。

在对低频电磁场进行健康危险评价时，不确定性来源主要有：

（1）健康效应的不确定性。从部分人群或部分动物或细胞水平的研究外推到一般人群对低频电磁场的反应，这种试验结果的外推存在很大的不确定性。不同个体特征、不同种属的机体对低频电磁场的反应存在明显差异。

（2）暴露评价过程中的不确定性。由于职业环境的变动性，职业人群接触低频电磁场水平往往难以准确评估。在有些情况下，暴露的来源多而广，受影响的因素复杂、暴露因素由于间隔时间长、没有足够的记录等给研究带来偏倚，造成结果判定的困难和偏差。由于暴露评价是回顾性进行，往往是定性或半定量表示暴露程度，难以得到确切的定量资料，有时仅仅根据暴露持续的时间来表示。累积暴露兼顾了不同时限的暴露水平和暴露时间的长短，但往往既要利用现况资料，也要收集以往的历史资料，更增加了评估工作的难度。

（3）偏倚和混杂。在流行病学调查中，偏倚指的是研究设计、实施、分析和推断过程中存在的各种对暴露因素与疾病关系的错误估计，它系统地歪曲了暴露因素与疾病间的真实联系。偏倚是有方向的。当研究结果因偏倚被夸大时，称为正偏倚；而当研究结果因偏倚被缩小时，称为负偏倚。混杂因素是指与研究变量均有关系，并且不是这两者间的中间变量的因素，会对研究的关联产生影响，夸大或掩盖真实的关联。低频电磁场健康风险评价对象——职业人群往往暴露于多种职业病危害因素中，如噪声、化学毒物中，人群流行病学研究中容易存在其他职业病危害因素等混杂偏倚造成的不确定性。电磁场作为一种比较弱的外界作用因素，其效应存在不确定性，又受到诸多因素的混淆，因此很难确定某种效应明确是由于暴露于电磁场而造成的。

四、低频电磁场危险度管理

危险度管理是综合危险度评定结果、社会经济、技术水平，对危险度进行利益权衡和决策分析，提出对职业性有害因素可接受水平和相应的控制、管理措施。如卫生标准、各种接触限值、法律法规等。

根据电磁场接触水平、接触人数以及现在确认的低频电磁场部分效应的剂量—反应关系，参照国外对危险度常用分级方法，我们将工作场所低频电磁场的危险度分为 5 个等级。

（1）危险度水平 1——可忽略危险。岗位接触低频电磁场的短时间强度和电场的长时间强度均低于职业接触限值的 1/2。建议用人单位维持现有控制，每五年进行一次低频电磁场的评价。

（2）危险度水平 2——低度危险。岗位接触低频电磁场的短时间强度和电场的长时间强度超过职业接触限值的 1/2，但不超过职业接触限值。建议用人单位维持现有控制，每四年进行一次低频电磁场的评价，决定是否需要进行工作场所监测，决定雇员培训是否必需。

（3）危险度水平 3——中度危险。岗位接触低频电磁场的短时间强度或电场的长时间强度超过职业接触限值，但不超过职业接触限值的 2 倍。建议用人单位应用和维持现有控制，决定实施工作场所监测是否必须、实施雇员培训是否必须，每三年重复一次评价。

（4）危险度水平 4——高度危险。岗位接触低频电磁场的短时间强度或电场的长时间强度超过职业接触限值的 2 倍，但不超过职业接触限值的 4 倍。建议用人单位应用有效的工程控制，实施工作场所监测，实施雇员培训，提供有效的个人防护用品/用具，上述所有工作做完后重新评价危险度。

（5）危险度水平 5——极高度危险。岗位接触低频电磁场的短时间强度或电场的长时间强度超过职业接触限值的 4 倍。建议用人单位应用有效的工程控制，实施工作场所监测，实施雇员培训，提供有效的个人防护用品、用具，实施高强度区域的控制，缩短停留时间，上述所有工作做完后重新评价危险度。

参考文献

[1] ACGIH. 2009 TLVs and BEIs [M]. America: ACGIH, 2009.

[2] Akdag M Z, Dasdag S, Ulukaya E, et al. Effects of extremely low-frequency magnetic field on caspase activities and oxidative stress values in rat brain [J]. Biological Trace Element Research, 2010, 138 (1-3): 238-249.

[3] Åkerstedt T, Arnetz B, Ficca G, et al. A 50 Hz electromagnetic field impairs sleep [J]. Journal of Sleep Research, 1999, 8 (1): 77-81.

[4] Akerstedt T, Arnetz B, Ficca G, et al. Low frequency electromagnetic fields suppress SWS [J]. Journal of Sleep Research, 1997, 26: 250-260.

[5] Al Akhras M A, Elbetieha A, Hasan M K, et al. Effects of extremely low frequency magnetic field on fertility of adult male and female rats [J]. Bioelectromag, 2001, 22 (s): 340-344.

[6] Al-Akhras M A, Darmani H, Elbetieha A, et al. Influence of 50 Hz magnetic field on sex hormones and body, uterine, and ovarian weights of adult female rats [J]. Electromagn Biol Med, 2008, 27 (2): 155-163.

[7] Al-Akhras M A, Darmani H, Elbetieha A. Influence of 50 Hz magnetic field on sex hormones and other fertility parameters of adult male rats [J]. Bioelectromagnetics, 2006, 27 (2): 127-131.

[8] Alfieri R R, Bonelli M A, Pedrazzi G, et al. Increased levels of inducible HSP70 in cells exposed to electromagnetic fields [J]. Radiation Research, 2006, 165 (1): 95-104.

[9] Anselmo C, Pereira P B, Catanho M, et al. Effects of the Electromagnetic field, 60 Hz, 3 μT, on the hormonal and metabolic regulation of undernourished pregnant rats [J]. Brazilian Journal of Biology, 2009, 69 (2): 397-404.

[10] Antonella L, Ledda M, Rosola E, et al. Extremely low frequency electromagnetic field exposure promotes differentiation of pituitary corticotrope-derived AtT20 D16V cells [J]. Bioelectromagnetics, 2006, 27 (8): 641-651.

[11] Arnetz B B, Berg M. Melatonin and adrenocorticotropic hormone levels in video display unit workers during work and leisure [J]. Journal of Occupational and Environmental Medicine, 1996, 38 (11): 1108-1110.

[12] Attwell D. Interaction of low frequency electric fields with the nervous system: the retina as a model system [J]. Radiat Protect Dosim, 2003, 106 (4): 341-348.

[13] Aydin M, Cevik A, Kandemir F M, et al. Evaluation of hormonal change, biochemical

parameters, and histopathological status of uterus in rats exposed to 50-Hz electromagnetic field [J]. Toxicology and Industrial Health, 2009, 25 (3): 153 -158.

[14] Aldinucci C, Carretta A, Maiorca S M, et al. Effects of 50 Hz electromagnetic fields on rat cortical synaptosomes [J]. Toxicology and Industrial Health, 2009, 25 (4 -5): 249 -252.

[15] Bakos J, Nagy N, Thuróczy G, et al. l. Sinusoidal 50 Hz 500 μT magnetic field has no acute effect on urinary 6-sulphatoxymelatonin in wistar rats [J]. Bioelectromagnetics, 1995, 16 (6): 377 -380.

[16] Baris D, Armstrong B G, Deadman J, et al. A mortality study of electrical utility workers in Québec [J]. Occupational and Environmental Medicine, 1996, 53 (1): 25 -31.

[17] Barth A, Ponocny I, Ponocny-Seliger E, et al. Effects of extremely low-frequency magnetic field exposure on cognitive functions: results of a meta-analysis [J]. Bioelectromagnetics, 2010, 31 (3): 173 -179.

[18] Bédja M, Magne I, Souques M, et al. Methodology of a study on the French population exposure to 50 Hz magnetic fields [J]. Radiation Protection Dosimetry, 2010, 142 (2 -4): 146 -152.

[19] Budak G G, Budak B, öztürk G G, et al. Effects of extremely low frequency electromagnetic fields on transient evoked otoacoustic emissions in rabbits [J]. International Journal of Pediatric Otorhinolaryngology, 2009, 73 (3): 429 -436.

[20] Beech J A. Bioelectric potential gradients may initiate cell cycling: ELF and zeta potential gradients may mimic this effect [J]. Bioelectromagnetics, 1997, 18 (5): 341 -348.

[21] Behrens T, Lynge E, Cree I, et al. Occupational exposure to electromagnetic fields and sex-differential risk of uveal melanoma [J]. Occupational and Environmental Medicine, 2010, 67 (11): 751 -759.

[22] Belanger K, Leaderer B, Hellenbrand K, et al. Spontaneous abortion and exposure to electric blankets and heated water beds [J]. Epidemiology, 1998, 9 (1): 36 -42.

[23] Blaasaas K G, Tynes T, Lie R T. Risk of selected birth defects by maternal residence close to power lines during pregnancy [J]. Occupational and Environmental Medicine, 2004, 61 (2): 174 -176.

[24] Bonhomme-Faivre L, Marion S, Forestier F, et al. Effects of electromagnetic fields on the immune systems of occupationally exposed humans and mice [J]. Archives of Environmental Health: An International Journal, 2003, 58 (11): 712 -717.

[25] Bowman J D, Miller C K, Krieg E F, et al. Analyzing digital vector waveforms of 0 - 3 000 Hz magnetic fields for health studies [J]. Bioelectromagnetics, 2010, 31 (5): 391 -405.

[26] Bortkiewicz A, Gadzicka E, Zmyślony M, et al. Neurovegetative disturbances in workers exposed to 50 Hz electromagnetic fields [J]. International Journal of Occupational Medicine and Environmental Health, 2006, 19 (1): 53 -60.

[27] Brendel H, Neihaus M, Lerchl A. Direct suppressive effects of weak magnetic fields (50 Hz and 16 $\frac{2}{3}$Hz) on melatonin synthesis in the pineal gland of djungarian hamsters (phodopussungorus). Journal of Pineal Research, 2000, 29: 228 -233.

[28] Buchachenko A L, Kuznetsov D A, Berdinsky V L. New mechanisms of biological effects of electromagnetic fields [J]. Biophysics, 2006, 51 (3): 489 -496.

[29] Burch J B, Reif J S, Noonan C W, et al. Melatonin metabolite levels in workers exposed to 60 - Hz magnetic fields: work in substations and with 3 - phase conductors [J]. Journal of Occupational and Environmental Medicine, 2000, 42 (2): 136 -142.

[30] Burch J B, Reif J S, Yost M G, et al. Nocturnal excretion of a urinary melatonin metabolite among electric utility workers [J]. Scandinavian Journal of Work, Environment & Health, 1998: 183 -189.

[31] Burch J B, Reif J S, Yost M G, et al. Reduced excretion of a melatonin metabolite in workers exposed to 60 Hz magnetic fields [J]. American Journal of Epidemiology, 1999, 150 (1): 27 -36.

[32] Burchard J F, Nguyen D H, Richard L, et al. Biological effects of electric and magnetic fields on productivity of dairy cows [J]. Journal of Dairy Science, 1996, 79 (9): 1549 -1554.

[33] Baumgardt-Elms C, Ahrens W, Bromen K, et al. Testicular cancer and electromagnetic fields (EMF) in the workplace: results of a population-based case-control study in Germany [J]. Cancer Causes & Control, 2002, 13 (10): 895 -902.

[34] Cooper A R, Van Wijngaarden E, Fisher S G, et al. A population-based cohort study of occupational exposure to magnetic fields and cardiovascular disease mortality [J]. Annals of Epidemiology, 2009, 19 (1): 42 -48.

[35] Cuccurazzu B, Leone L, Podda M V, et al. Exposure to extremely low-frequency (50 Hz) electromagnetic fields enhances adult hippocampal neurogenesis in C57BL/6 mice [J]. Experimental Neurology, 2010, 226 (1): 173 -182.

[36] Cecconi S, Guatieri G, Bartolomeo A D. Evaluation of extremely low frequency electromagnetic fields on mammalian follicle development [J]. Human Repro, 2000, 15 (11): 2319 -2325.

[37] Charles L E, Loomis D, Shy C M, et al. Electromagnetic fields, polychlorinated biphenyls, and prostate cancer mortality in electric utility workers [J]. American Journal of Epidemiology, 2003, 157 (8): 683 -691.

[38] Chacón L. 50 - Hz sinusoidal magnetic field effect on in vitro pineal N-acetyltransferase activity [J]. Electromagnetic Biology and Medicine, 2000, 19 (3): 339 -343.

[39] Charles L E, Loomis D, Shy C M, et al. Electromagnetic fields, polychlorinated biphenyls, and prostate cancer mortality in electric utility workers [J]. American Journal of Epidemiology, 2003, 157 (8): 683 -691.

[40] Choi Y M, Jeong J H, Kim J S, et al. Extremely low frequency magnetic field exposure modulates the diurnal rhythm of the pain threshold in mice [J]. Bioelectromagnetics, 2003, 24 (3): 206 -210.

[41] Choleris E, Thomas A W, Kavaliers M, et al. A detailed ethological analysis of the mouse open field test: effects of diazepam, chlordiazepoxide and an extremely low frequency pulsed magnetic field [J]. Neuroscience & Biobehavioral Reviews, 2001, 25 (3): 235 -260.

[42] Chung M K, Kim J C, Myung S H, et al. Developmental toxicity evaluation of ELF magnetic fields in Sprague-Dawley rats [J]. Bioelectromag, 2003, 24 (4): 231 - 240.

[43] Crasson M, Beckers V, Pequeux C, et al. Daytime 50 Hz magnetic field exposure and plasma melatonin and urinary 6-sulfatoxymelatonin concentration profiles in humans [J]. Journal of Pineal Research, 2001, 31 (3): 234 -241.

[44] David K, Cheng. Field and wave electromagnetics [M]. NewYork: Addison-weslay, 1989.

[45] Davis S, Kaune W T, Mirick D K, et al. Residential magnetic fields, light-at-night, and nocturnal urinary 6-sulfatoxymelatonin concentration in women [J]. American Journal of Epidemiology, 2001, 154 (7): 591 -600.

[46] Davis S, Mirick D K, Chen C, et al. Effects of 60 - Hz magnetic field exposure on nocturnal 6-sulfatoxymelatonin, estrogens, luteinizing hormone, and follicle-stimulating hormone in healthy reproductive-age women: results of a crossover trial [J]. Annals of Epidemiology, 2006, 16 (8): 622 -631.

[47] De Bruyn L, De Jager L. Electric field exposure and evidence of stress in mice [J]. Environmental Research, 1994, 65 (1): 149 -160.

[48] De Bruyn L, De Jager L, Kuyl J M. The influence of long-term exposure of mice to randomly varied power frequency magnetic fields on their nocturnal melatonin secretion patterns [J]. Environmental Research, 2001, 85 (2): 115 -121.

[49] De Roos A J, Teschke K, Savitz D A, et al. Parental occupational exposures to electromagnetic fields and radiation and the incidence of neuroblastoma in offspring [J]. Epidemiol, 2001, 12 (5): 508 -517.

[50] Delle Monache S, Alessandro R, Iorio R, et al. Extremely low frequency electromagnetic fields (ELF-EMFs) induce in vitro angiogenesis process in human endothelial cells [J]. Bioelectromagnetics, 2008, 29 (8): 640 -648.

[51] Di Loreto S, Falone S, Caracciolo V, et al. Fifty hertz extremely low-frequency magnetic field exposure elicits redox and trophic response in rat-cortical neurons [J].

Journal of Cellular Physiology, 2009, 219 (2): 334 - 343.
[52] Dimbylow P. Development of the female voxel phantom, NAOMI, and its application to calculations of induced current densities and electric fields from applied low frequency magnetic and electric fields [J]. Physics in Medicine and Biology, 2005, 50 (6): 1047 - 1070.
[53] Dimbylow P. Development of pregnant female, hybrid voxel-mathematical models and their application to the dosimetry of applied magnetic and electric fields at 50 Hz [J]. Physics in Medicine and Biology, 2006, 51 (10): 2383.
[54] Di Placido J, Shih C H, Ware B J. Analysis of the proximity effects in electric field measurements [J]. Power Apparatus and Systems, IEEE Transactions on, 1978 (6): 2167 - 2177.
[55] Dolk H, Elliott P, Shaddick G, et al. Cancer incidence near radio and television transmitters in Great Britain II. All high power transmitters [J]. American Journal of Epidemiology, 1997, 145 (1): 10 - 17.
[56] Draper G, Vincent T, Kroll M E, et al. Childhood cancer in relation to distance from high voltage power lines in England and Wales: a case-control study [J]. BMJ: British Medical Journal, 2005: 1290 - 1292.
[57] Draper G, Vincent T, Kroll M E, et al. Childhood cancer in relation to distance from high voltage power lines in England and Wales: a case-control study [J]. BMJ: British Medical Journal, 2005, 330 (7503): 1290.
[58] Elbetieha A, Akhras M A, Darmani H. Long-term exposure of male and female mice to 50 Hz magnetic field: effects on fertility [J]. Bioelectromag, 2002, 23 (2): 168 - 172.
[59] EN. Basic standard on measurement and calculation procedures for human exposure to electric, magnetic and electromagnetic fields (0 Hz - 300 GHz), 50413 - 2008 [S]. Belgium: EN Std, 2008.
[60] Farkhad S A, Zare S, Hayatgeibi H, et al. Effects of extremely low frequency electromagnetic fields on testes in guinea pig [J]. Pakistan Journal of Biological Sciences: PJBS, 2007, 10 (24): 4519 - 4522.
[61] Feychting M, Floderus B, Ahlbom A. Parental occupational exposure to magnetic fields and childhood cancer (Sweden) [J]. Cancer Causes & Control, 2000, 11 (2): 151 - 156.
[62] Gamberale F, Olson B A, Eneroth P, et al. Acute effects of ELF electromagnetic fields: a field study of linesmen working with 400 kV power lines [J]. British Journal of Industrial Medicine, 1989, 46 (10): 729 - 737.
[63] Ghione S, Seppia C D, Mezzasalma L, et al. Effects of 50 Hz electromagnetic fields on electroencephalographic alpha activity, dental pain threshold and cardiovascular parameters in humans [J]. Neuroscience Letters, 2005, 382 (1): 112 - 117.

[64] Gobba F, Bravo G, Scaringi M, et al. No association between occupational exposure to ELF magnetic field and urinary 6 – sulfatoximelatonin in workers [J]. Bioelectromagnetics, 2006, 27 (8): 667 – 673.

[65] Gobba F, Bargellini A, Bravo G, et al. Natural killer cell activity decreases in workers occupationally exposed to extremely low frequency magnetic fields exceeding 1 microT [J]. Int J Immunopathol Pharmacol. 2009, 22 (4): 1059 – 1066.

[66] Gobba F, Bargellini A, Scaringi M, et al. Extremely low frequency-magnetic fields (ELF-EMF) occupational exposure and natural killer activity in peripheral blood lymphocytes [J]. Science of the Total Environment, 2009, 407 (3): 1218 – 1223.

[67] Goldhaber M K, Polen M R, Hiatt R A. The risk of miscarriage and birth defects among women who use visual display terminals during pregnancy [J]. American Journal of Industrial Medicine, 1988, 13 (6): 695 – 706.

[68] Goraca A, Ciejka E, Piechota A. Effects of extremely low frequency magnetic field on the parameters of oxidative stress in heart [J]. Journal of Physiology and Pharmacology, 2010, 61 (3): 333 – 338.

[69] Graham C, Cohen H, Cook M, et al. A double-blind evaluation of 60 Hz field effects on human performance, physiology, and subjective state. In Anderson L. E. (Ed.), interaction of biological systems with static and ELF electric and magnetic fields. NTIS, Springfield, VA, 1987, 471 – 486.

[70] Graham C, Cook M R, Gerkovich M M, et al. Melatonin and 6-OHMS in high-intensity magnetic fields [J]. Journal of Pineal Research, 2001, 31 (1): 85 – 88.

[71] Graham C, Cook M R, Riffle D W, et al. Human melatonin during continuous magnetic field exposure [J]. Bioelectromagnetics, 1997, 18 (2): 166 – 171.

[72] Graham C, Cook M R, Riffle D W, et al. Nocturnal melatonin levels in human volunteers exposed to intermittent 60 Hz magnetic fields [J]. Bioelectromagnetics, 1996, 17 (4): 263 – 273.

[73] Graham C, Cook M R, Sastre A, et al. Multi-night exposure to 60 Hz magnetic fields: Effects on melatonin and its enzymatic metabolite [J]. Journal of Pineal Research, 2000, 28 (1): 1 – 8.

[74] Graham C, Sastre A, Cook M R, et al. All-night exposure to EMF does not alter urinary melatonin, 6-OHMS or immune measures in older men and women [J]. Journal of Pineal Research, 2001, 31 (2): 109 – 113.

[75] Graham C, Sastre A, Cook M R, et al. Exposure to strong ELF magnetic fields does not alter cardiac autonomic control mechanisms [J]. Bioelectromagnetics, 2000, 21 (6): 413 – 421.

[76] Griefahn B, Kunemund C, Blaszkewicz M, et al. Effects of electromagnetic radiation (bright light, extremely low-frequency magnetic fields, infrared radiation) on the circadian rhythm of melatonin synthesis, rectal temperature, and heart rate [J].

Industrial Health, 2002, 40 (4): 320 -327.

[77] Håkansson N, Stenlund C, Gustavsson P, et al. Arc and resistance welding and tumours of the endocrine glands: a Swedish case-control study with focus on extremely low frequency magnetic fields [J]. Occupational and Environmental Medicine, 2005, 62 (5): 304 -308.

[78] Håkansson N, Floderus B, Gustavsson P, et al. Cancer incidence and magnetic field exposure in industries using resistance welding in Sweden [J]. Occupational and Environmental Medicine, 2002, 59 (7): 481 -486.

[79] Håkansson N, Floderus B, Gustavsson P, et al. Occupational sunlight exposure and cancer incidence among Swedish construction workers [J]. Epidemiology, 2001, 12 (5): 552 -557.

[80] Harland J D, Liburdy R P. Environmental magnetic fields inhibit the antiproliferative action of tamoxifen and melatonin in a human breast cancer cell line [J]. Bioelectromagnetics, 1997, 18 (8): 555 -562.

[81] Hatch E E, Linet M S, Kleinerman R A, et al. Association between childhood acute lymphoblastic leukemia and use of electrical appliances during pregnancy and childhood [J]. Epidemiology, 1998, 9 (3): 234 -245.

[82] Hjollund N H, Skotte J H, Kolstad H A, et al. Extremely low frequency magnetic fields and fertility: a follow up study of couples planning first pregnancies. The Danish First Pregnancy Planner Study Team [J]. Occupational and Environmental Medicine, 1999, 56 (4): 253 -255.

[83] Hong S C, Kurokawa Y, Kabuto M, et al. Chronic exposure to ELF magnetic fields during night sleep with electric sheet: effects on diurnal melatonin rhythms in men [J]. Bioelectromagnetics, 2001, 22 (2): 138 -143.

[84] Huuskonen H, Juuiflainen J, Julkunen A, et al. Effects of gestational exposure to a video display terminal-like magnetic field (20 kHz) on CBA/S mile [J]. Teratology, 1998, 58: 190 -196.

[85] Huuskonen H, Saastamoinen V, Komulainen H, et al. Effects of low-frequency magnetic fields on implantation in rats [J]. Reproductive Toxicology, 2000, 15 (1): 49 -59.

[86] Hug K, Grize L, Seidler A, et al. Parental occupational exposure to extremely low frequency magnetic fields and childhood cancer: a German case-control study [J]. American Journal of Epidemiology, 2009, 171 (1): 27 -35.

[87] Ichinose K, Kawasaki E, Eguchi K. Recent advancement of understanding pathogenesis of type 1 diabetes and potential relevance to diabetic nephropathy [J]. American Journal of Nephrology, 2007, 27 (6): 554 -564.

[88] IEC. Measurement of power-frequency electric field, 60833 - 1987 [S]. Geneva: IEC, 1987.

[89] IEC. Measurement of low-frequency magnetic and electric fields with regard to exposure of human beings-special equirements for instruments and guidance for measurement, 61786 - 1998 [S]. Geneva: IEC, 1998.

[90] IEEE standard for safety levels with respect to human exposure to electromagnetic fields, 0 ~ 3 kHz. C95. 6 - 2002 [S]. America: IEEE Std, 2002.

[91] IEEE standard for safety levels with respect to human exposure to radio frequency electromagnetic fields, 3 kHz to 300 GHz. C95. 1 - 2005 [S]. America: IEEE Std, 2006.

[92] IEEE. IEEE standard procedures for measurement of power frequency electric and magnetic fields from AC power lines, 644 - 1994 [S]. America: IEEE Std, 1994.

[93] IEEE. IEEE recommended practice for measurements and computations of electric, magnetic, and electromagnetic fields with respect to human exposure to such fields, 0 Hz to 100 kHz, C95. 3. 1™ - 2010 [S]. America: IEEE Std, 2010.

[94] Infante-Rivard C, Deadman J E. Maternal occupational exposure to extremely low frequency magnetic fields during pregnancy and childhood leukemia [J]. Epidemiology, 2003, 14 (4): 437 - 441.

[95] International Commission on Non-Ionizing Radiation Protection. Guidelines for limiting exposure to time-varying electric and magnetic fields (1 to 100 GHz). Health Physics, 2010 (12).

[96] International Commission on Non-Ionizing Radiation Protection. Guidelines on limiting exposure to static magnetic fields. Health Phys, 2009, 96: 504 - 514.

[97] International Commission on Non-Ionizing Radiation Protection. Medical magnetic resonance (MR) procedures: protection of patients. Health Phys, 2004, 87: 197 - 216.

[98] Janać B, Pešić V, Jelenković A, et al. Different effects of chronic exposure to ELF magnetic field on spontaneous and amphetamine-induced locomotor and stereotypic activities in rats [J]. Brain Research Bulletin, 2005, 67 (6): 498 - 503.

[99] Jelenković A, Janać B, Pešić V, et al. The effects of exposure to extremely low-frequency magnetic field and amphetamine on the reduced glutathione in the brain [J]. Annals of the New York Academy of Sciences, 2005, 1048 (1): 377 - 380.

[100] Jelenković A, Janać B, Pešić V, et al. Effects of extremely low-frequency magnetic field in the brain of rats [J]. Brain Research Bulletin, 2006, 68 (5): 355 - 360.

[101] Jian W, Wei Z, Zhiqiang C, et al. X-ray-induced apoptosis of BEL-7402 cell line enhanced by extremely low frequency electromagnetic field in vitro [J]. Bioelectromagnetics, 2009, 30 (2): 163 - 165.

[102] Johansen C. Exposure to electromagnetic fields and risk of central nervous system diseases among employees at Danish electric companies [J]. Ugeskr Laeger, 2001, 164 (1): 50 - 54.

[103] Juutilainen J, Stevens R G, Anderson L E, et al. Nocturnal 6-hydroxymelatonin sulfate excretion in female workers exposed to magnetic fields [J]. Journal of Pineal Research, 2000, 28 (2): 97 - 104.

[104] Juutilainen J. Developmental effects of extremely low frequency electric and magnetic fields [J]. Radiation Protection Dosimetry, 2003, 106 (4): 385 - 390.

[105] Karasek M, Woldanska-Okonska M, Czernicki J, et al. Chronic exposure to 2.9 mT, 40 Hz magnetic field reduces melatonin concentrations in humans [J]. Journal of Pineal Research, 1998, 25 (4): 240 - 244.

[106] Karasek M, Czernicki J, Woldanska-Okonska M, et al. Chronic exposure to 25, - 80 μT, 200 Hz magnetic field does not influence serum melatonin concentrations in patients with low back pain [J]. Journal of Pineal Research, 2000, 29 (2): 81 - 85.

[107] Karipidis K, Benke G, Sim M, et al. Occupational exposure to power frequency magnetic fields and risk of non-Hodgkin lymphoma [J]. Occupational and Environmental Medicine, 2007, 64 (1): 25 - 29.

[108] Kato M, Honma K, Shigemitsu T, et al. Circularly polarized 50 Hz magnetic field exposure reduces pineal gland and blood melatonin concentrations of Long-Evans rats [J]. Neuroscience Letters, 1994, 166 (1): 59 - 62.

[109] Kato M, Honma K I, Shigemitsu T, et al. Effects of exposure to a circularly polarized 50 Hz magnetic field on plasma and pineal melatonin levels in rats [J]. Bioelectromagnetics, 1993, 14 (2): 97 - 106.

[110] Kato M, Honma K, Shigemitsu T, et al. Horizontal or vertical 50 Hz, 1 μT magnetic fields have no effect on pineal gland or plasma melatonin concentration of albino rats [J]. Neuroscience Letters, 1994, (1 - 2): 205 - 208.

[111] Kheifets L I, Sussman S S, Preston-Martin S. Childhood brain tumors and residential electromagnetic fields (EMF) [M]. Reviews of environmental contamination and toxicology, Springer New York, 1999: 111 - 129.

[112] Kheifets L, Afifi A A, Shimkhada R. Public health impact of extremely low-frequency electromagnetic fields [J]. Environmental Health Perspectives, 2006: 1532 - 1537.

[113] Kim Y W, Kim H S, Lee J S, et al. Effects of 60 Hz 14 μT magnetic field on the apoptosis of testicular germ cell in mice [J]. Bioelectromagnetics, 2009, 30 (1): 66 - 72.

[114] Kim J, Baik K Y, Lee B C, et al. Extremely low frequency magnetic field effects on premorbid behaviors produced by cocaine in the mouse [J]. Bioelectromagnetics, 2004, 25 (4): 245 - 250.

[115] Kim D W, Choi J L, Kwon M K, et al. Assessment of daily exposure of endodontic personnel to extremely low frequency magnetic fields [J]. International Endodontic Journal, 2012, 45 (8): 744 - 748.

[116] Kotter F R, Misakian M. AC Transmission Line Field Measurements, NBS report for U. S. Department of Energy, NTIS report PB82133554, Springfield, VA, 1977.

[117] Kumlin T, Hansen N H, Kilpelainen M, et al. Biological effects of LF EMF [J]. Norwegian Radiation Protection Authority, Oslo, Norway, 1997: 67 -68.

[118] Kumlin T, Heikkinen P, Laitinen J T, et al. Exposure to a 50 Hz magnetic field induces a circadian rhythm in 6 - hydroxymelatonin sulfate excretion in mice [J]. Journal of Radiation Research, 2005, 46 (3): 313 -318.

[119] Kurokawa Y, Nitta H, Imai H, et al. Acute exposure to 50 Hz magnetic fields with harmonics and transient components: lack of effects on nighttime hormonal secretion in men [J]. Bioelectromagnetics, 2003, 24 (1): 12 -20.

[120] Lee G M, Neutra R R, Hristova L, et al. A nested case-control study of residential and personal magnetic field measures and miscarriages [J]. Epidemiology, 2002, 13 (1): 21 -31.

[121] Lee G M, Neutra R R, Hristova L, et al. The use of electric bed heaters and the risk of clinically recognized spontaneous abortion [J]. Epidemiology, 2000, 11: 406 -415.

[122] Lee J M, Stormshak F, Thompson J M, et al. Melatonin secretion and puberty in female lambs exposed to environmental electric and magnetic fields [J]. Biology of Reproduction, 1993, 49 (4): 857 -864.

[123] Lei Y, Liu T, Wilson F A W, et al. Effects of extremely low-frequency electromagnetic fields on morphine-induced conditioned place preferences in rats [J]. Neuroscience Letters, 2005, 390 (2): 72 -75.

[124] Lerchl A, Reiter R J, Howes K A, et al. Evidence that extremely low frequency Ca^{2+} cyclotron resonance depresses pineal melatonin synthesis in vitro [J]. Neuroscience Letters, 1991, 124 (2): 213 -215.

[125] Levallois P, Dumont M, Touitou Y, et al. Effects of electric and magnetic fields from high-power lines on female urinary excretion of 6 - sulfatoxymelatonin [J]. American Journal of Epidemiology, 2001, 154 (7): 601 -609.

[126] Lewy H, Massot O, Touitou Y. Magnetic field (50 Hz) increases N-acetyltransferase, hydroxy-indole-O-methyltransferase activity and melatonin release through an indirect pathway [J]. International Journal of Radiation Biology, 2003, 79 (6): 431 -435.

[127] Li C Y, Chen P C, Sung F C, et al. Residential exposure to power frequency magnetic field and sleep disorders among women in an urban community of northern Taiwan [J]. Sleep, 2002, 25 (4): 428 -432.

[128] Li C Y, Sung F C, Wu S C. Risk of cognitive impairment in relation to elevated exposure to electromagnetic fields [J]. Journal of Occupational and Environmental Medicine, 2002, 44 (1): 66 -72.

[129] Li D K, Checkoway H, Mueller B A. Electric blanket use during pregnancy in relation

to the risk of congenital urinary tract anomalies among women with a history of subfertility [J]. Epidemiology, 1995, 6 (5): 485 -489.

[130] Li D K, Odouli R, Wi S, et al. A population-based prospective cohort study of personal exposure to magnetic fields during pregnancy and the risk of miscarriage [J]. Epidemiology, 2002, 13 (1): 9 -20.

[131] Li H, Zeng Q, Weng Y, et al. Effects of ELF magnetic fields on protein expression profile of human breast cancer cell MCF7 [J]. Science in China Series C: Life Sciences, 2005, 48 (5): 506 -514.

[132] Li P, McLaughlin J, Infante-Rivard C. Maternal occupational exposure to extremely low frequency magnetic fields and the risk of brain cancer in the offspring [J]. Cancer Causes & Control, 2009, 20 (6): 945 -955.

[133] Lindströum E, Lindströum P, Berglund A, et al. Intracellular calcium oscillations induced in a T-cell line by a weak 50 Hz magnetic field [J]. Journal of Cellular Physiology, 1993, 156 (2): 395 -398.

[134] Liu T T, Wang S, He L H, et al. Effects of chronic exposure of power frequency magnetic field on neurobehavior in rats [J]. Beijing da xuexuebao. Yi xue ban. Journal of Peking University. Health Sciences, 2010, 42 (3): 351.

[135] Liu T, Wang S, He L, et al. Anxiogenic effect of chronic exposure to extremely low frequency magnetic field in adult rats [J]. Neuroscience Letters, 2008, 434 (1): 12 -17.

[136] London S J, Pogoda J M, Hwang K L, et al. Residential magnetic field exposure and breast cancer risk: a nested case-control study from a multiethnic cohort in Los Angeles County, California [J]. American Journal of Epidemiology, 2003, 158 (10): 969 -980.

[137] Marcus M, McChesney R, Golden A, et al. Video display terminals and miscarriage [J]. Journal of the American Medical Women's Association (1972), 1999, 55 (2): 84 -88, 105.

[138] Maresh C M, Cook M R, Cohen H D, et al. Exercise testing in the evaluation of human responses to powerline frequency fields [J]. Aviation, Space, and Environmental Medicine, 1988, 59 (12): 1139.

[139] Margonato V, Veicsteinas A, Conti R, et al. Biologic effects of prolonged exposure to ELF electromagnetic fields in rats. I. 50 Hz electric fields [J]. Bioelectromagnetics, 1993, 14 (5): 479 -493.

[140] Mezei G, Cher D, Kelsh M, et al. Occupational magnetic field exposure, cardiovascular disease mortality, and potential confounding by smoking [J]. Annals of Epidemiology, 2005, 15 (8): 622 -629.

[141] Michal K, Marta W O. Electromagnetic fields and human endocrine system [J]. The Scientific World Journal, 2004, 4: 23 -28.

[142] Minder C E, Pfluger D H. Leukemia, brain tumors, and exposure to extremely low frequency electromagnetic fields in Swiss railway employees [J]. American Journal of Epidemiology, 2001, 153 (9): 825 -835.

[143] Miyakoshi Y, Kajihara C, Shimizu H, et al. Tempol suppresses micronuclei formation in astrocytes of newborn rats exposed to 50 Hz, 10 mT electromagnetic fields under bleomycinadministration [J]. Mutation Research/Genetic Toxicology and Environmental Mutagenesis, 2012, 747 (1): 138 -141.

[144] Mostafa R M, Mostafa Y M, Ennaceur A. Effects of exposure to extremely low-frequency magnetic field of 2 G intensity on memory and corticosterone level in rats [J]. Physiology & Behavior, 2002, 76 (4): 589 -595.

[145] Noonan C W, Reif J S, Yost M, et al. Occupational exposure to magnetic fields in case-referent studies of neurodegenerative diseases [J]. Scandinavian Journal of Work, Environment & Health, 2002: 42 -48.

[146] Nordström S, Birke E, Gustavsson L. Reproductive hazards among workers at high voltage substations [J]. Bioelectromagnetics, 1983, 4 (1): 91 -101.

[147] Nyenhuis J A, Bourland J D, Kildishev A V, et al. Health effects and safety of intense gradient fields [J]. Mag, 2001: 31 -54

[148] Ohnishi Y, Mizuno F, Sato T, et al. Effects of power frequency alternating magnetic fields on reproduction and pre-natal development of mice [J]. The Journal of Toxicological Sciences, 2002, 27 (3): 131 -138.

[149] Olshan A F, Teschke K, Baird P A. Paternal occupation and congenital anomalies in offspring [J]. American Journal of Industrial Medicine, 1991, 20 (4): 447 -475.

[150] Parazzini F, Luchini L, La Vecchia C, et al. Video display terminal use during pregnancy and reproductive outcome a meta-analysis [J]. Journal of Epidemiology and Community Health, 1993, 47: 265 -268.

[151] Pešić V, Janać B, Jelenković A, et al. Non - linearity in combined effects of ELF magnetic field and amphetamine on motor activity in rats [J]. Behavioural Brain Research, 2004, 150 (1): 223 -227.

[152] Pfluger D H, Minder C E. Effects of exposure to 16. 7 Hz magnetic fields on urinary 6-hydroxymelatonin sulfate excretion of Swiss railway workers [J]. Journal of Pineal Research, 1996, 21 (2): 91 -100.

[153] Piacentini R, Ripoli C, Mezzogori D, et al. Extremely low-frequency electromagnetic fields promote in vitro neurogenesis via upregulation of Cav1-channel activity [J]. Journal of Cellular Physiology, 2008, 215 (1): 129 -139.

[154] Picazo M L, De Miguel M P, Romo M A, et al. Changes in mouse adrenal gland functionality under second-generation chronic exposure to ELF magnetic fields. I. Males [J]. Electromagnetic Biology and Medicine, 1996, 15 (2): 85 -98.

[155] Portet R, Cabanes J. Development of young rats and rabbits exposed to a strong electric

field [J]. Bioelectromagnetics, 1988, 9 (1): 95 - 104.

[156] Poulletier de Gannes F, Ruffié G, Taxile M, et al. Amyotrophic lateral sclerosis (ALS) and extremely-low frequency (ELF) magnetic fields: a study in the SOD - 1 transgenic mouse model [J]. Amyotrophic Lateral Sclerosis, 2009, 10 (5 - 6): 370 - 373.

[157] Prolić Z, Janać B, Pešić V, et al. The effect of extremely low-frequency magnetic field on motor activity of rats in the open field [J]. Annals of the New York Academy of Sciences, 2005, 1048 (1): 381 - 384.

[158] Qiu C, Fratiglioni L, Karp A, et al. Occupational exposure to electromagnetic fields and risk of Alzheimer's disease [J]. Epidemiology, 2004, 15 (6): 687 - 694.

[159] Quinlan W J, Petrondas D, Lebda N, et al. Neuroendocrine parameters in the rat exposed to 60 Hz electric fields [J]. Bioelectromagnetics, 1985, 6 (4): 381 - 389.

[160] Rajkovic V, Matavulj M, Johansson O. Light and electron microscopic study of the thyroid gland in rats exposed to power-frequency electromagnetic fields [J]. Journal of Experimental Biology, 2006, 209 (17): 3322 - 3328.

[161] Reilly J P. Maximum pulsed electromagnetic field limits based on peripheral nerve stimulation: application to IEEE/ANSI C95. 1 electromagnetic field standards [J]. IEEE Transactions on Bio-medical Engineering, 1998, 45 (1): 137 - 141.

[162] Reilly J P. Applied bioelectricity: from electrical stimulations to electropathology [M]. Springer, 1998.

[163] Reilly J P. Electrophysiology in the zero to MHz range as a basis for electric and magnetic field exposure standards. International Commission on Non-Ionizing Radiation Protection (ICNIRP), Germany, 2000.

[164] Reilly J P. Neuroelectric mechanisms applied to low frequency electric and magnetic field exposure guidelines—Part Ⅰ: Sinusoidal waveforms [J]. Health Physics, 2002, 83 (3): 341 - 355.

[165] Reilly J P, Diamant A M. Neuroelectric mechanisms applied to low frequency electric and magnetic field exposure guidelines—part Ⅱ: non sinusoidal waveforms. Health Phys, 2002, 83 (3): 356 - 365.

[166] Roberta Benfante, Ruth Adele Antonini, NielsKuster, et al. The expression of PHOX2A, PHOX2B and of their target gene dopamine-b-hydroxylase (DbH) is not modified by exposure to extremely-low-frequency electromagnetic field (ELF-EMF) in a human neuronal model [J]. Toxicology in Vitro, 2008, 22: 1489 - 1495.

[167] Rogers W R, Reiter R J, Barlow-Walden L, et al. Regularly scheduled, day-time, slow-onset 60 Hz electric and magnetic field exposure does not depress serum melatonin concentration in nonhuman primates [J]. Bioelectromagnetics, 1995, 16 (S3): 111 - 118.

[168] Röösli M, Egger M, Pfluger D, et al. Cardiovascular mortality and exposure to

extremely low frequency magnetic fields: a cohort study of Swiss railway workers [J]. Environmental Health, 2008, 7: 35.

[169] Rosen L A, Barber I, Lyle D B. A 0.5 G, 60 Hz magnetic field suppresses melatonin production in pinealocytes [J]. Bioelectromagnetics, 1998, 19 (2): 123 - 127.

[170] Ryan B W, Polen M, Gauger J R. Evaluation of the developmental toxcity of 60 Hz magnetic fields and harmonic frequencies in Sprague-Peuley rats [J]. Radiation Research, 2000, 153 (5 Pt 2): 637 - 641.

[171] Sait M L, Wood A W, Kirsner R L G. Effects of 50 Hz magnetic field exposure on human heart rate variability with passive tilting [J]. Physiological Measurement, 2006, 27 (1): 73.

[172] Saunders R D, Jefferys J G R. A neurobiological basis for ELF guidelines [J]. Health Physics, 2007, 92 (6): 596 - 603.

[173] Saunders R D, Darby S C, Kowalczuk C I. Dominant lethal studies in male mice after exposure to 2.45 GHz microwave radiation [J]. Mutation Research, Genetic Toxicology, 1983, 117 (3): 345 - 356.

[174] Savitz D A, Liao D, Sastre A, et al. Magnetic field exposure and cardiovascular disease mortality among electric utility workers [J]. American Journal of Epidemiology, 1999, 149 (2): 135 - 142.

[175] Schuhfried O, Vacariu G, Rochowanski H, et al. The effects of low-dosed and high-dosed low-frequency electromagnetic fields on microcirculation and skin temperature in healthy subjects [J]. International Journal of Sports Medicine, 2005, 26 (10): 886 - 890.

[176] Schuz J, Svendsen A L, Linet M S, et al. Nighttime exposure to electromagnetic fields and childhood leukemia: an extended pooled analysis [J]. American Journal of Epidemiology, 2007, 166 (3): 263 - 269.

[177] Selmaoui B, Lambrozo J, Touitou Y. Magnetic fields and pineal function in humans: evaluation of nocturnal acute exposure to extremely low frequency magnetic fields on serum melatonin and urinary 6 - sulfatoxymelatonin circadian rhythms [J]. Life sciences, 1996, 58 (18): 1539 - 1549.

[178] Selmaoui B, Touitou Y. Sinusoidal 50 Hz magnetic fields depress rat pineal NAT activity and serum melatonin. Role of duration and intensity of exposure [J]. Life Sciences, 1995, 57 (14): 1351 - 1358.

[179] Selmaoui B, Lambrozo J, Touitou Y. Endocrine functions in young men exposed for one night to a 50 Hz magnetic field. A circadian study of pituitary, thyroid and adrenocortical hormones [J]. Life Sciences, 1997, 61 (5): 473 - 486.

[180] Shaw G M, Nelson V, Todoroff K, et al. Maternal periconceptional use of electric bed-heating devices and risk for neural tube defects and orofacial clefts [J]. Teratology, 1999, 60 (3): 124 - 129.

[181] Sher L. The effects of natural and man-made electromagnetic fields on mood and behavior: the role of sleep disturbances [J]. Medical Hypotheses, 2000, 54 (4): 630 - 633.

[182] Sieroń A, Labus Ł, Nowak P, et al. Alternating extremely low frequency magnetic field increases turnover of dopamine and serotonin in rat frontal cortex [J]. Bioelectromagnetics, 2004, 25 (6): 426 - 430.

[183] Smith E M, Hammonds-Ehlers M, Clark M K, et al. Occupational exposures and risk of female infertility [J]. Journal of Occupational and Environmental Medicine, 1997, 39 (2): 138 - 147.

[184] So P P M, Stuchly M A, Nyenhuis J A. Peripheral nerve stimulation by gradient switching fields in magnetic resonance imaging [J]. Biomedical Engineering, IEEE Transactions on, 2004, 51 (11): 1907 - 1914.

[185] Sorahan T, Hamilton L, Gardiner K, et al. Maternal occupational exposure to electromagnetic fields before, during, and after pregnancy in relation to risks of childhood cancers: findings from the Oxford Survey of Childhood Cancers, 1953 - 1981 deaths [J]. American Journal of Industrial Medicine, 1999, 35 (4): 348 - 357.

[186] Strašák L, Bártová E, Krejci J, et al. Effects of elf-emf on brain proteins in mice [J]. Electromagnetic Biology and Medicine, 2009, 28 (1): 96 - 104.

[187] Thompson J M, Stormshak F, Lee J M, et al. Cortisol secretion and growth in ewe lambs chronically exposed to electric and magnetic fields of a 60 - Hertz 500 - kilovolt AC transmission line [J]. Journal of Animal Science, 1995, 73 (11): 3274 - 3280.

[188] Thornton I M. Out of time: a possible link between mirror neurons, autism and electromagnetic radiation [J]. Medical Hypotheses, 2006, 67 (2): 378 - 382.

[189] Touitou Y, Lambrozo J, Camus F, et al. Magnetic fields and the melatonin hypothesis: a study of workers chronically exposed to 50 Hz magnetic fields [J]. American Journal of Physiology - Regulatory, Integrative and Comparative Physiology, 2003, 284 (6): 1529 - 1535.

[190] Trimmel M, Schweiger E. Effects of an ELF (50 Hz, 1 mT) electromagnetic field (EMF) on concentration in visual attention, perception and memory including effects of EMF sensitivity [J]. Toxicology Letters, 1998, 96: 377 - 382.

[191] Tripp H M, Warman G R, Arendt J. Circularly polarised MF (500 μT 50 Hz) does not acutely suppress melatonin secretion from cultured Wistar rat pineal glands [J]. Bioelectromagnetics, 2003, 24 (2): 118 - 124.

[192] Tynes T, Andersen A, Langmark F. Incidence of cancer in Norwegian workers potentially exposed to electromagnetic fields [J]. American Journal of Epidemiology, 1992, 136 (1): 81 - 88.

[193] United Nations Environment Programme/International Labour Organization/World Health Organization. Environmental Health Criteria 69: Magnetic fields [S]. WHO,

Geneva, 1987.

[194] Vázquez-García M, Elías-Viñas D, Reyes-Guerrero G, et al. Exposure to extremely low-frequency electromagnetic fields improves social recognition in male rats [J]. Physiology & Behavior, 2004, 82 (4): 685 -690.

[195] Van Wijngaarden E, Savitz D A, Kleckner R C, et al. Exposure to electromagnetic fields and suicide among electric utility workers: a nested case-control study [J]. Occupational and Environmental Medicine, 2000, 57 (4): 258 -263.

[196] Verreault R, Weiss N S, Hollenbach K A, et al. Use of electric blankets and risk of testicular cancer [J]. American Journal of Epidemiology, 1990, 131 (5): 759 -762.

[197] Villeneuve P J, Agnew D A, Miller A B, et al. Non - Hodgkin's lymphoma among electric utility workers in Ontario: the evaluation of alternate indices of exposure to 60 Hz electric and magnetic fields [J]. Occupational and Environmental Medicine, 2000, 57 (4): 249 -257.

[198] Vojtíšek M, Knotková J, Kašparová L, et al. Metal, EMF, and brain energy metabolism [J]. Electromagnetic Biology and Medicine, 2009, 28 (2): 188 -193.

[199] Warman G R, Tripp H, Warman V L, et al. Acute exposure to circularly polarized 50 -Hz magnetic fields of 200 - 300 microT does not affect the pattern of melatonin secretion in young men [J]. The Journal of Clinical Endocrinology & Metabolism, 2003, 88 (12): 5668 -5673.

[200] Wartenberg D. Residential EMF exposure and childhood leukemia: Meta-analysis and population attributable risk [J]. Bioelectromagnetics, 2001, 22 (S5): S86 -S104.

[201] Wertheimer N, Leeper E. Fetal loss associated with two seasonal sources of electromagnetic field exposure [J]. American Journal of Epidemiology, 1989, 129 (1): 220 -224.

[202] Wertheimer N, Leeper E D. Possible effects of electric blankets and heated waterbeds on fetal development [J]. Bioelectromagnetics, 1986, 7 (1): 13 -22.

[203] WHO. 低频电磁场环境健康准则 (EHC No. 238), 2007.

[204] Wilson B W, Anderson L E, Ian Hilton D, et al. Chronic exposure to 60-Hz electric fields: effects on pineal function in the rat [J]. Bioelectromagnetics, 1981, 2 (4): 371 -380.

[205] Wilson B W, Matt K S, Morris J E, et al. Effects of 60 Hz magnetic field exposure on the pineal and hypothalamic-pituitary-gonadal axis in the Siberian hamster (Phodopussungorus) [J]. Bioelectromagnetics, 1999, 20 (4): 224 -232.

[206] Wilson B W, Wright C W, Morris J E, et al. Evidence for an effect of ELF electromagnetic fields on human pineal gland function [J]. Journal of Pineal Research, 1990, 9 (4): 259 -269.

[207] Wood A W, Armstrong S M, Sait M L, et al. Changes in human plasma melatonin

profiles in response to 50 Hz magnetic field exposure [J]. Journal of Pineal Research, 1998, 25 (2): 116 - 127.

[208] Yamaguchi-Sekino S, Ojima J, Sekino M, et al. Measuring exposed magnetic fields of welders in working time [J]. Industrial Health, 2011, 49 (3): 274 - 279.

[209] Yellon S M. Acute 60 Hz magnetic field exposure effects on the melatonin rhythm in the pineal gland and circulation of the adult Djungarianhamster [J]. Journal of Pineal Research, 1994, 16 (3): 136 - 144.

[210] Yellon S M, Truong H N. Melatonin rhythm onset in the adult Siberian hamster: Influence of photoperiod but not 60 Hz magnetic field exposure on melatonin content in the pineal gland and in circulation [J]. Journal of Biological Rhythms, 1998, 13 (1): 52 - 59.

[211] Yokus B, Cakir D U, Akdag M Z, et al. Oxidative DNA damage in rats exposed to extremely low frequency electro magnetic fields [J]. Free Radical Research, 2005, 39 (3): 317 - 323.

[212] Zamanian Z, Gharepoor S, Dehghani M. Effects of electromagnetic fields on mental health of the staff employed in gas power plants, Shiraz, 2009 [J]. Pakistan Journal of Biological Sciences: PJBS, 2010, 13 (19): 956.

[213] Zhang J, Nair I, Sahl J. Effects function analysis of ELF magnetic field exposure in the electric utility work environment [J]. Bioelectromagnetics, 1997, 18 (5): 365 - 375.

[214] Zhao L, Zhao D M, Wei J H, et al. Effect of extremely low frequency magnetic field on the focal brain injury in rats [J]. Hang tian yixueyuyixue gong cheng = Space medicine & medical engineering, 2003, 16 (1): 75 - 76.

[215] Zubkova S M, Varakina N I, Mikhaĭlik L V, et al. (Recovery processes in the cerebral cortex, myocardium and thymus of rats with experimental atherosclerosis exposed to low-frequency electromagnetic fields on the head) [J]. Voprosy Kurortologii, Fizioterapii, Ilechebnoi Fizicheskoi Kultury, 1999 (4): 3 - 7.

[216] 柴剑荣，程民生，吴昊，等. 发电厂工频电磁场分布调查 [J]. 浙江预防医学，2011，23 (11)：46 - 47.

[217] 陈青松，晏华，徐国勇，等. 50 家企业工频电磁场职业暴露现况调查 [J]. 中国职业医学，2009，36 (1)：27 - 29.

[218] 陈青松，杨晓瑛，李润琴，等. 供电企业工频电磁场职业暴露现况的调查研究 [J]. 中华劳动卫生职业病杂志，2012，30 (8)：575 - 578.

[219] 邓爱文，袁雪光，魏东，等. 高压交变电磁场对脑卒康复的影响 [J]. 第一军医大学学报，2004，24 (8)：946 - 952.

[220] 董翠英. 视屏作业对女性生殖机能影响的回顾性调查 [J]. 中国妇幼保健，2004，19 (12)：100.

[221] 董胜璋，黄方经，章孟本，等. 超高压输变电工频电场对生物影响的研究 [J].

中华劳动卫生职业病杂志，1984，2（3）：152－154.
[222] 董娟．低频脉冲磁场对正常大鼠和体外培养皮质神经元的损伤效应［D］．济南：山东大学，2007.
[223] 杜晓刚．工频磁场对人晶状体上皮细胞 DNA 损伤修复的影响及噪声磁场干预［D］．杭州：浙江大学，2008.
[224] 杜卫，孙立荣，刘青敏．儿童白血病相关危险因素研究［J］．实用预防医学，2008，15（2）：355－357.
[225] 洪蓉，刘赞，喻云梅，等．低频电磁场对雄性小鼠生殖的影响［J］．中华劳动卫生职业病杂志，2003，21（5）：342－345.
[226] 胡涛，贾国良，王海昌，等．低频电磁场对大鼠主动脉平滑肌细胞骨桥蛋白基因表达的影响［J］．中华物理医学与康复杂志，2006，28（2）：91－94.
[227] 黄方经，章孟本，李荣山，等．工频电场对生物影响的研究大鼠暴露于 40 kV/M 电场下累积 1 000 小时的实验观察［J］．医学论坛，1986，2（5）：277－279.
[228] 金焕荣，谢怀江，赵肃，等．低频电磁场对大鼠脑组织抗氧化系统的影响［J］．工业卫生与职业病，2005，31（4）：203－205.
[229] 雷银照．电磁场［M］．2 版．北京：高等教育出版社，2010.
[230] 李红，文湘闽，尹艳，等．四川省 500、220、110 kV 变电站工频电磁场强度监测结果分析［J］．预防医学情报杂志，2006（2）：235－238.
[231] 李丽，周永言，高新华，等．DL/T 799.7—2010《电力行业劳动环境监测技术规范第 7 部分：工频电场、磁场监测》［S］．国家能源局，2010.
[232] 黎世林，徐国勇，陈青松，等．发电厂作业人员工频电磁场职业暴露现况调查［J］．职业卫生与应急救援，2012，30（3）：131－133，146.
[233] 李红，文湘闽，尹艳，等．四川省 500、220、110 kV 变电站工频电磁场强度监测结果分析［J］．预防医学情报杂志，2006，22（2）：235－237.
[234] 李丽．关于 500 kV 变电站工频电磁场强度的研究［J］．广东电力，2006，19（3）：42－45.
[235] 李玉红，赵向阳，梅立新，等．电磁辐射对大鼠海马 BDNF 和 NCAM 表达的影响［J］．承德医学院学报，2006，23（3）：225－227.
[236] 李振杰，郭丰涛，乐秀鸿，等．某导航台电磁场对人体部分生理指标的影响［C］．全国电磁兼容学术会议论文集，2001.
[237] 李兴文．酸性鞘磷脂酶及神经酰胺在工频磁场诱导 FL 细胞膜受体聚簇中的作用［D］．杭州：浙江大学，2010.
[238] 李兴文，鲁德强，姜槐，等．酸性鞘磷脂酶在工频磁场诱导受体聚簇效应中的作用［J］．中华劳动卫生职业病杂志，2009（9）：516－519.
[239] 刘綮，陈铁华，白云峰，等．低频电磁场对小鼠脑组织脂质过氧化及白细胞的影响［J］．华东师范大学学报：自然科学版，2001，4：103－106.
[240] 刘文魁，温耀萍．电磁辐射污染对青少年生理特性及免疫功能的影响［J］．中国公共卫生学报，1993，12，（4）：255－256.

[241] 刘武忠，胡晓晴，秦景香，等. 上海市宝山区电焊工人低频磁场暴露与心理状态现况调查 [J]. 环境与职业医学，2011，28 (8)：489 -491.
[242] 刘移民，孙慧琳，罗英，等. 电力牵引工频电磁场对机车司机免疫功能的影响 [J]. 中华劳动卫生职业病杂志，2008，26 (11)：659 -660.
[243] 吕安林，高歌，贾国良，等. 高浓度氧抑制兔动脉平滑肌细胞的增殖 [J]. 第四军医大学学报，2001，22 (3)：240 -242.
[244] 马玲. 低频电磁场对生殖健康影响的研究现状 [J]. 国外医学妇幼保健分册，2001，12 (2)：52 -54.
[245] 莫琴友，卢启冰，唐国汉，等. 输变电作业设备射频辐射对工人心电图影响的调查 [J]. 中国职业医学，2004，31：30 -32.
[246] 日本産業衛生学会許容濃度委員会. 電場・磁場および電磁場 (300 GHz 以下) の許容基準の提案理由. 産衛誌，1988，40：187 -193.
[247] 宋永伦，陈颉，邱光，等. GB/T 25312—2010《焊接设备电磁场对操作人员影响程度的评价准则》[S]. 中华人民共和国国家质量监督检验检疫总局，2010.
[248] 苏海峰. 电磁场对海马神经元自由基的原初作用及其胞内 Ca^{2+} 的变化 [D]. 杭州：浙江大学，2010.
[249] 孙慧琳. 电力牵引工频电磁场对机车司机健康影响的研究 [D]. 广州：中山大学，2006.
[250] 孙晓芳，段斐，寇素茹，等. 低频电磁场对大鼠生精细胞凋亡基因表达影响 [J]. 中国公共卫生，2009，25 (8)：989 -990.
[251] 万保权，邬雄，张广洲，等. DL/T 988—2005《高压交流架空送电线路、变电站工频电场和磁场测量方法》[S]. 中华人民共和国国家发展和改革委员会，2005.
[252] 万保权，张广洲，路遥，等. 750 kV 兰州东官亭输变电工程工频电磁场测量 [J]. 高压电技术，2007，33 (5)：41 -45.
[253] 王琦，张元菊，张松涛，等. 电磁辐射对大鼠海马，边缘区超微结构的影响 [J]. 疾病控制杂志，2006，10 (5)：468 -472.
[254] 王琦，郭国祯，曾丽华，等. 电磁辐射后大鼠血脑屏障改变恢复时相的研究 [J]. 疾病控制杂志，2003，7 (3)：228 -231.
[255] 王生，孙伟，何丽华，等. GBZ/T 189. 3—2007《工作场所物理因素测量第 3 部分：工频电场》[S]. 中华人民共和国卫生部，2007.
[256] 王星. 成人急性髓细胞白血病发病危险因素的病例对照研究与 Meta 分析 [D]. 上海：复旦大学，2011.
[257] 魏伟. 广州市工频电磁场作业人员的生命质量调查 [J]. 广东医学，2009，30 (7)：1147 -1149.
[258] 谢健华，朱连标，王起恩，等. 铁路电力牵引工频电磁场对职工健康影响的探讨 [J]. 海峡预防医学杂志，2002，8 (3)：5 -7.
[259] 徐国勇，陈青松，赖明珍，等. 汽车制造相关企业点焊作业工频磁场职业接触现

状调查［J］. 中国职业医学，2014，3：255－259.
［260］徐禄文，李永明，刘昌盛，等. 重庆500 kV变电站内工频电磁场及安全性研究［C］. 第十一届全国电工数学学术年会论文集，2008.
［261］徐禄文，李永明，刘昌盛，等. 重庆地区500 kV变电站内工频电磁场分析［J］. 电网技术，2008，32（2）：66－70.
［262］姚陈果，孙才新，米彦，等. 陡脉冲对恶性肿瘤细胞不可逆性电击穿的实验研究［J］. 中国生物医学工程学报，2004，23（1）：92－97.
［263］喻云梅，翁恩琪. 低频电磁场对小鼠脑和肝脏c-Fos mRNA水平的影响［J］. 中华劳动卫生职业病杂志，2003，21，（5）：335－338.
［264］张敏，王丹，杜燮祎，等. ACGIH的静电磁场和亚射频电磁场TLVs［J］. 国外医学：卫生学分册，2007，34（1）：48－50.
［265］张晓军，张建保，文峻，等. 低频电磁场对成骨细胞增殖与分化的影响［J］. 中华物理医学与康复杂志，2006，28（2）：79－81.
［266］张徐军，闵捷. 低频电磁场与儿童白血病关系的Meta分析［J］. 环境与健康杂志，2005，22（6）：447－449.
［267］赵梅兰，曹晓哲，王德文，等. 电磁辐射诱导乳鼠大脑皮层神经元凋亡的研究［J］. 中华物理医学与康复杂志，2002，12：743－745.
［268］中华人民共和国卫生部. GBZ 1—2010 工业企业设计卫生标准［S］. 北京：法律出版社，2010.
［269］中华人民共和国卫生部. GBZ 2. 2—2007 工作场所有害因素职业接触限值第2部分：物理因素［S］. 北京：法律出版社，2007.
［270］中华人民共和国卫生部. 100 kHz以下电磁场职业接触限值（GBZ XXX－20XX，GBZ2012报批稿）［S］. 2012.
［271］周建国. 工频电场磁场与健康［M］. 上海：复旦大学出版社，2011.
［272］朱连标，朱绍忠，王起恩，等. 铁路电力牵引工频电磁场现场职业卫生学调查［J］. 中国职业医学，2001，28（6）：29－30.
［273］朱绍忠，朱连标，王起恩，等. 电气化铁路工频电磁场对作业工人健康的影响［J］. 环境与职业医学，2002，19（2）：97－99.
［274］訾军，何永华，常秀丽，等. 某校学生工频磁场暴露水平的调查［J］. 环境与职业医学，2010（10）：594－596.